にっぽん文鳥絵巻

ポンプラボ 編　写真 清水知恵子 ほか

KANZEN

はじめに

一説には江戸時代初期、最短線でも約5800km弱離れたインドネシアからはるばる日本へと伝えられたとされる文鳥（ブンチョウ）。以来、愛らしい姿と声、人懐こい性格をしたこの小鳥は、人々の心をとらえ続けてきました。日本では定着しませんでしたが、同じように原産国から世界各地へと運ばれた文鳥が移入された地で適応し野生化した例も、温暖な地域を中心に多数報告されています。

　そんな野生の小鳥の基本といえば、スズメを思い浮かべてもわかるように"集団生活（ライフ）"。2016年からカンゼンより刊行してきた「にっぽんスズメ」写真集シリーズでは、最も身近な野鳥であるスズメにフォーカス、それまでほとんどの人がじっくり見たことのなかった彼らの日常の表情を紹介しましたが、本書はいわばその"文鳥版"！　世界中で飼い鳥として愛されてきた彼らのひと味違う姿に迫りつつ、現在へと至る日本人と文鳥との関係、文鳥をめぐる文化ほか、知っていそうで知らなかった文鳥雑学（トリビア）にも触れていきます。お楽しみに！

巻頭スペシャル
文鳥のいる風景

ここでは近年何かと話題の文鳥スポットを大紹介。文鳥の集団を観察できる公園、白文鳥発祥の地とその文化を守るべく情熱を注ぐ現場、そして野生文鳥のいる海外の楽園。訪れたくなること必至！

冬も屋外で集団生活!
胸アツ♥文鳥の園

相模原麻溝公園
（神奈川県相模原市）

来園者がSNSなどでその様子を伝え、文鳥好きの間で一度は訪れてみたい"聖地"化しているのがこの公園のふれあい動物広場にあるバードケージ。自然の雰囲気を大切にした空間で文鳥たちがマイペースに暮らしています。→ P66

白文鳥誕生の地で
文鳥職員が大活躍!

弥富市歴史民俗資料館
(愛知県弥富市)

現在広く深く愛される白文鳥は明治時代に弥富で突然変異により出現した白い文鳥から生みだされました。そうした故郷の歴史文化を伝える任務に取り組むのが資料館の文鳥職員ぶんちゃん。SNS等でその人気は全国区に。→ P70

弥富文鳥文化の灯を
大切に受け取り、育み中

愛知県立佐屋高等学校
（愛知県愛西市）

一時は全国シェア8割を担う日本唯一の文鳥産地だった弥富市。しかし生産者の高齢化などにより産業は風前の灯に。現在その文化の伝え手として奮闘するのが隣接する愛西市の佐屋高等学校の生徒の皆さんです。→ P76

野生の文鳥に会える!
楽園ならではの光景に♥

ハワイ島コナ
（アメリカ・ハワイ州）

かつて原産地のインドネシアから世界各所に移入された文鳥たち。日本では野生の姿は過去数例を除き確認されていませんが、常夏の地ハワイでは野生文鳥たちがその数を増やしているのだとか。今すぐ飛んでいきたくなりますね。→ P86

もくじ

はじめに ……………………………… 2

巻頭スペシャル
文鳥のいる風景 ……………………… 4
　相模原麻溝公園　6／弥富市歴史民俗資料館　8／愛知県立佐屋高等学校　9／ハワイ島コナ　10

Part 1
文鳥スタイル ……………………… 14
　基本スタイル　横から　16／前から　18／後ろから　20／下から　22
　文鳥のカラーバリエーション …… 24
　❶ノーマル文鳥（並文鳥）　26／❷桜文鳥　27／❸白文鳥　28／❹シルバー文鳥　29／❺シナモン文鳥　30／❻クリーム文鳥　31／❼アルビノ文鳥　32／❽ホオグロ文鳥　33

文鳥クイズ！ ………………………… 34

Part 2
文鳥トリビア ……………………… 35
　❶文鳥ってどんな鳥？　36／❷文鳥の生態と特徴　38／❸日本人と文鳥　40／❹文鳥の一日、一年　42／❺文鳥の一生　44

Part 3
文鳥ライフ ………………………… 50
　日常しぐさ　❶羽ばたき・飛翔　48／❷羽づくろい　50／❸水浴び・水飲み　52／❹食餌　54／❺休息・日光浴　56／❻小競り合い・ケンカ　58／❼ペアでⅠ　60／❽ペアでⅡ　62

Part 4
文鳥トリップ ……………… 94
白文鳥発祥の地・弥富へ …………… 68
Spot　弥富市歴史民俗資料館 …… 70
Project　「文鳥プロジェクト」……… 76
弥富周辺文鳥ゆかりの
　「見どころ！」一覧 ………………… 84

特別収録　文鳥ライフ in Hawaii …… 86

文鳥サロン ……………………… 96
Books&Comics　96 ／
Verious Goods　97 ／ Spot　102

Key Persons Interview
#01　西名悠里子さん
　　　（相模原麻溝公園ふれあい動物広場
　　　展示担当チーフ）………………… 64
#02　嶋野恵里佳さん
　　　（弥富市歴史民俗資料館学芸員）… 72
#03　佐屋高等学校「文鳥プロジェクト」
　　　メンバーの皆さん ……………… 78
#04　にゃーさん（ブロガー）………… 90
#05　伊藤美代子さん（文鳥ライター）… 98
#06　はなぶさ堂さん（小鳥サロン）… 102

Staff Interview
写真担当　清水知恵子さん …………… 106

Part 1 文鳥スタイル

「いちばんかわいいうちの子」＝飼い鳥の文鳥の様子はその健康を見守る意味からも毎日観察、撮影を楽しむ方も多いでしょう。しかしその動作の細部はなかなかとらえきれないもの。そこでここでは相模原麻溝公園の文鳥たちをモデルに、複数の角度から「瞬間」の姿をチェック！

基本スタイル

横から

基本スタイル

前から

基本スタイル

後ろから

基本スタイル

下から

文鳥のカラーバリエーション

インドネシアの野鳥が日本で飼い鳥に

「文鳥」はもともと中国の言葉で、「色鮮やかで美しい模様の鳥」といった意味があります。その名の通り、遠目にも映える配色、美しい羽毛を持ち、鳴き声も愛らしく手乗りにもなるなど、飼い鳥としての魅力を存分に備えた文鳥は、江戸時代、日蘭貿易の渡来品として本格的に紹介されて以来、日本人に広く深く愛されてきました。

江戸の頃はすでに庶民の間にも小鳥を飼うことが流行したりもしていましたが、その種類は古来日本にいたいわゆる和鳥。さえずり、鳴き声を愛でるのが主たる目的で姿はどちらかというと地味なものでした。また、それらの鳥の多くは昆虫を主食としており、保存のきかないすり餌を与えなければならなかったので手間もかかりました。

一方、昆虫や果実も食べるものの種子食、穀食を主とする食性のフィンチ（※1）である文鳥は、保存可能なまき餌を用いられることもありその後の人気につながっていきます。

ただ野生下でのフィンチは栽培作物を食すため害鳥と見なされることも少なくありません。文鳥も原産地のインドネシアではかつての日本のスズメのように厭われ、駆除されたりすることも少なくなかったようです。加えてその後は愛玩鳥用に乱獲されたため原産地では野生文鳥は激減し、1997年には保護を目的としてワシントン条約付属書2に記載され、輸出入の規制対象野生動物になっています。

さまざまな品種

ノーマル文鳥
　（並文鳥）▶ P26
桜文鳥 ▶ P27
白文鳥 ▶ P28
シルバー文鳥 ▶ P29
シナモン文鳥 ▶ P30
クリーム文鳥 ▶ P31
アルビノ文鳥 ▶ P32
ホオグロ文鳥 ▶ P33

※1
フィンチは、硬い穀類をかみ砕くことが可能な円錐形のくちばしを持つスズメ目の小型の鳥のこと。飼い鳥（愛玩鳥、ペット）として人気のジュウシマツ、コキンチョウ、キンカチョウもフィンチの仲間です。

ここでは文鳥の代表的な品種ごとの特徴（カラーや柄）について見ていきましょう。特徴の多くは遺伝子の作用によるものなので、それにより健康管理が必要になる品種もあります。

文鳥の「品種」＝カラーバリエーション

　野生の文鳥＝原種はもともと、「ノーマル文鳥（並文鳥）」と呼ばれるものです。この原種の文鳥が捕獲され飼いならされて愛玩鳥として繁殖を続けていくうちに、突然変異により原種とは異なる特徴的なカラーや柄の個体が出現。それらのカラーや柄が人の手によって固定化されたものが今日、文鳥の「品種」とされているもの。そうした品種の代表的なものには、白文鳥、桜文鳥、シルバー文鳥、シナモン文鳥といったものが挙げられます。

　カラーや柄を人の手によって固定化すること＝品種の固定化は、通常、同じカラーや柄を持つ個体同士での繁殖を繰り返していくことで行われます。同一系統内で繁殖、代々同一系統の個体を選別して繁殖を続けていくことで統一したカラーや柄を保つようにし、その系統が分岐して個体数がある程度増えた時点で初めて固定品種と呼ぶことができるのです。

　そこでひとつの疑問が生じます。「ノーマル文鳥（並文鳥）」は品種なのか？　ということです。もともとは原種＝「ノーマル文鳥（並文鳥）」だったわけですが、現在は前述のように原産地の野生文鳥は輸出入の規制対象野生動物に指定されているため、入手は不可能。そもそもインドネシアの野生文鳥は激減しており見つけることも難しいという状況です。そこで多くの場合、原種に近いカラー＆柄を持つ個体を「ノーマル文鳥（並文鳥）」としています。本書での扱いもそうです（※2）。

※2
以降のページで品種ごとに掲載している文鳥の写真は、厳密には（遺伝子的には）その品種とカラーと柄の特徴を同じくするミックスの場合があります。

バリエーション1

ノーマル文鳥（並文鳥）
原種の色に最も近いカラー

おなじみの文鳥スタイル

　もともとは原産地からの原種（野生文鳥）のこと。現在では多くの場合、原種に近いカラーと配色の個体を指します。名前の由来は、原産地から輸入された野生文鳥がまだ多く流通していた時代、個体の羽毛がそれほど美しくない、人馴れしていないといった点で、優れた繁殖個体に対して「並」とされたことから。頭部とあごの下部は真っ黒で、頬部分は白。身体は翼と胸はグレーで、腹部は赤みがかった褐色（薄いピンク）。尾は黒。全体的にコントラストのはっきりした配色に、真っ赤なアイリング（目の縁取り）とくちばしの色がきいています。

バリエーション2 # 桜文鳥
桜の花びら状の白の斑が特徴

ミックス要素により丈夫な面も

　ノーマル文鳥（並文鳥）と白文鳥との間に生まれた品種。配色は一見ノーマル文鳥に似ているものの、頭部やあごの下部や風切り羽、胸部分に白文鳥からと考えられる遺伝子の影響により白色が混ざります。桜文鳥同士を掛け合わせていくとこの白い差し毛は少なくなり、ほとんどノーマル文鳥と変わらない姿となります。命名は、胸の白いぼかし模様が桜の花びらのように見えることから。白い模様により個体差が出るため、それぞれの判別もしやすくなる傾向があります。ノーマル文鳥よりもアイリングの赤色が淡くなっている点も特徴のひとつ。

バリエーション3 **白文鳥**
羽先まで全身白の日本産の品種

同じ見た目でも2系統がある

　色素を抑える遺伝子が作用して白くなった文鳥。同じ体色の白いアルビノ文鳥はメラニン色素の欠損によるものですが、それとは異なり、目は黒です。明治の初め、愛知県弥富地方において突然変異で生まれた個体から生みだされた品種と伝えられています。明治時代にもかなりの人気を博し夏目漱石の短編「文鳥」にも登場しました。白文鳥には2つの系統があり、弥富産は桜文鳥の遺伝子の影響でヒナのときには背中などに灰色の羽毛が見られます。これに対し台湾産はヒナの頃から真っ白。弥富の白文鳥のほうが基本的には丈夫な品種とされています。

バリエーション4 シルバー文鳥
美しい羽毛の質感に銀が映える

色の濃淡の振り幅は広い

　いぶし銀、銀灰色、シルバーグレー……色の呼び方はさておき、渋い銀色に惹かれる人の多い日本でも人気の品種がこちら。1980年代にヨーロッパで作りだされたシルバー文鳥は、メラニン色素の一部を欠く個体が固定化したものです。色の濃さには幅があり、ノーマル文鳥に近いものから一見白文鳥のようなものまで、さまざま。区別をするためにより淡い系統をライトシルバー、ダークシルバーなどと呼び分けることもありますが、流通の現場では色の濃淡はほとんど気にされない傾向が強いようです。こだわる方は対面でのお迎えをオススメ。

写真　はなぶさ堂（P29-34）

バリエーション5 シナモン文鳥
1970年代にオランダで誕生

「フォーン文鳥」とも呼ばれる

　黒を発色するメラニン色素（ユーメラニン）が欠落した茶系の個体を1970年代にヨーロッパで固定化した品種。色のコントラストはノーマル文鳥と同じですが、頭部の黒い部分がシナモン色で、身体の色も全体的に淡くなっています。シナモン色はメラニン色素が欠落していることで生じるので虹彩、瞳孔ともに赤色。くちばしは淡いピンクです。一般に体色の淡い個体が紫外線に当たりすぎるのはよくないとされるもののシナモン文鳥は虚弱とも言い切れず、寒さにも比較的強いのだとか。なお他の品種と掛け合わせると、体色は子に現れないことも。

バリエーション6 クリーム文鳥
淡い黄色のイギリス産の品種

シナモンをさらに淡色化

　1994年以降にイギリスで生みだされた品種で、シナモン文鳥を淡くしたような体色が特徴。これはシルバー文鳥に見られる色を薄くさせる遺伝子がシナモン文鳥に働いて生じたものと考えられています。虹彩や瞳孔の赤い色も、シナモン文鳥より薄めの印象。本来的に色素を欠くため虹彩が赤く、色素による緩和がないため光刺激に弱いと考えられます。直射日光に長時間当てるようなことは避けたいところ。ヒナは全身の羽毛がシナモン文鳥と同じようなベージュ色。くちばしは淡いピンクです。個体数が少ないため虚弱の傾向が現れやすいともいわれます。

バリエーション7 アルビノ文鳥
白文鳥とは異なる赤い目が特徴

かなり希少だが一般に身体は弱い

　他の動物にも見られるメラニンの欠乏という先天的な遺伝子疾患を抱えた個体。真っ白な体に赤い目が特徴。他の品種と比べ体質は虚弱と考えられており、なかには視覚障害を持つ個体も。観察していて止まり木から落ちやすいなど視力に何らかの問題を感じる場合は、止まり木を低い所に移設するなど工夫を。メラニンが欠乏しているため、飼育の際は他の品種以上に紫外線を浴びない生活環境を整える注意も必要です。なおアルビノ同士の交配は、致死遺伝子の影響で孵化しないことが多く卵詰まりなどのリスクも高いので、避けたほうが賢明。

バリエーション8 **ホオグロ文鳥**
真っ黒な顔がユニークなレア個体

頬色以外は至ってノーマル

　その名の通り、ノーマル文鳥（並文鳥）や桜文鳥の頬の色が黒くなっている個体。名前になるほど珍しい特徴を有するものの、頬の色を除いては、カラーも身体の状態もノーマル文鳥や桜文鳥と同様。ちなみに体色は、頭部（もちろん頬部分も）と尾が黒、身体全体はグレーで、腹部は赤みがかった褐色（薄いピンク）です。実はホオグロ文鳥は品種として固定化してはおらず、ノーマル文鳥や桜文鳥のヒナに見られる突然変異のようなもの。遺伝子が影響するため虚弱な個体の割合が多い他の品種とは異なり、健康で丈夫な個体が多いのだとか。

文鳥クイズ！ あの品種のヒナ時代

Q. 大きくなったらどんな文鳥になる？

わたしの赤ちゃん、わかります？

A

B

C

D

ヒント
ここにいるのは下記の
5種のヒナだよ★
・シルバー文鳥
・シナモン文鳥
・クリーム文鳥
・アルビノ文鳥
・ホオグロ文鳥

E

答えは
▼
P112

Part 2

文鳥トリビア

興味の有無で世界は変わるもの。ここでは好きな人には当然の常識、でも「手乗り文鳥」という言葉は知っているけれどそれ以外は「？」という人も少なくない文鳥にまつわる基本的な雑学をおさらいしておきましょう。

トリビア1
文鳥ってどんな鳥?

文鳥の基本プロフィール

　文鳥は生物としての分類では鳥綱スズメ目カエデチョウ科（Estrildidae, Passeriformes, Aves）（※1）に属する鳥類で、生物学の世界での正式名称＝学名を「Padda oryzivora（※2）」といいます。

　一般によく耳にするのは、英名の「Java sparrow（※3）」（ジャワのスズメ）でしょうか。その名の通り、文鳥の原産地はインドネシアのジャワ島、そしてバリ島です。もともと彼の地では標高1500mより低地に位置する潅木林や草原、農耕地などでペアか小規模なグループ、または大規模な群れで生息していたようです。

　サイズは全長14〜16cm、体重20〜25g程度。身近な野鳥の代表であるスズメとは体格、動きなども似ています。

　少々異なるのは、文鳥の見た目の特徴でもある、身体に比して大きい円錐形のくちばし。これは主食である種子、穀類などを食べるのに都合よく進化したもので、こうした硬く丈夫なくちばしをしたアトリ科、カエデチョウ科の小鳥はフィンチ（finch）と称されますが、文鳥もその仲間です。ちなみにフィンチにしては気性が荒いともいわれます。

　そのほかの見た目の特徴としては、チャームポイントでもある赤いアイリング。そしてカラーバリエーションが豊富な美

※1
さらにいうとキンパラ亜科キンパラ属。

※2
「Lonchura oryzivora」表記もあり。

※3
Java Rice Sparrow、Java Finch、Java Rice Bird 等とも。

しい羽毛でしょう。カラーは固定化され、白文鳥、シルバー文鳥、シナモン文鳥、クリーム文鳥……といった品種が生まれているのは本書 Part 2 でもご紹介した通り。ただ品種が違っても鳥としての種類は同じ文鳥なので、基本的に生態や飼育方法に大きな違いはありません。

原産地とその他の地域での文鳥の現状

そんな文鳥は江戸時代、異国産の美しくかわいい愛玩鳥として、高価ながら流通もする程度の数が日本に輸入されました（※4）。同様にかなりの数の文鳥がかつて世界各地に運ばれ、現在は日本と同じく飼い鳥として繁殖されています。また、その地の野に放たれて気候や外敵など生存条件をクリアして野生化、日本におけるスズメのような存在感で風景になじんで暮らしている地域もあります（※5）。

そうしたことから文鳥が地球上から姿を消すことは今のところ考えられませんが、一方で原産地の野生文鳥は四半世紀以上前には愛玩用としての捕獲や農薬被害によって激減。主要メディアが自然下でその姿を確認できたことを記事にするほどまでになり、1997 年にはワシントン条約付属書2 に記載されて輸出入の規制対象野生動物となっています。

残念なことに、原産地で文鳥は今や野に生きるものではなく、鳥市場などで飼い鳥として商われるものとなって久しいのです。ちなみに現地の市場では、白文鳥、シルバー文鳥、シナモン文鳥などの品種の"海外輸入もの"も扱われているようです。

※4
鎖国政策中の江戸幕府がヨーロッパ諸国の中で唯一貿易目的で外交関係を結んだのがオランダ。そのオランダ東インド会社の貿易拠点である商館のひとつがあったのがインドネシアのスラバヤでした。この港から他の特産品とともに文鳥も輸出されたと考えられます。

※5
本書ではハワイにおける一例を紹介しています（→ P86）。

トリビア2
文鳥の生態と特徴

文鳥の一日の2大営み ～食餌と水浴び

　ここであらためて、文鳥の食性を押さえておきましょう。

　くちばしの形にも現れていますが、文鳥の主食は草木の種子や雑穀で、加えて果実や小型の昆虫なども食べる雑食性です。原産地などの野生文鳥はコメやトウモロコシなどを食すために害鳥とみなされ、時に駆除の対象ともなりました。というと、同じく雑食で穀物を食すために害鳥とされがちだったスズメが脳裏に浮かびますが、原産地のインドネシアでは野生文鳥と生存エリアを同じくするスズメが競合。前述の愛玩鳥用の乱獲と農薬被害とともに野生文鳥が数を減らしている一因として挙げられることもあるようです。

　一方、飼い鳥のエサはというと、こちらもアワやキビ、ヒエなどの穀物、青菜、ボレー（牡蠣）粉、配合飼料などがメインとなります。大きなくちばしで器用に穀物の皮をむいて食べる様子は、飼い主の方ならよくご存じでしょう（※1）。

　また、大好きといえば、水浴びです。本書 Part 3 でもその様子は紹介していますが、水を浴び羽などに害虫や付いた汚れを落とすのは、身体を清潔にメンテナンスする＝健康を保つということで鳥たちが生きる上では不可欠なこと。暑いから浴びるといったものではありません。飼い鳥には水浴びのための水容器を設置し、水は不衛生にならないように毎

※1
感情豊かでそれを隠さないので、大好物などをあげたときの姿を思い浮かべると思わず頬がゆるんでしまう人もいるのでは。

日、できれば汚れていることに気づいた時点でまた取り替えます。飼い主の方はこれもご存じでしょうが、彼らはそうしたこまごまとしたサポートを本当に喜んでいます。

初心者も比較的育てやすい

　文鳥は人と密な関係を築くことのできる小鳥です。ただ、野生の状態を想像するとわかるように、自然の中での文鳥は鳥類の中でも捕食される側。そうした立場で生き抜いてきた文鳥は、少しでも生存しやすい状況に向かい、生き延びることを第一の目的に行動してきたはずです。

　繁殖という野生生物の最も重要な営みに必要最低単位であるペアでの行動を基本としつつ、外敵などへの対策として群れ・集団での生活を送ることも選んできた文鳥。フィンチにしては気性が荒いといわれるゆえんもライバルの多い環境で生き抜いてきた小鳥ならではの、野生時代からの本能からなのかもしれません（※2）。人馴れしていても自己主張はとことんはっきり、というのもその一面でしょう。

　文鳥に限りませんが、ある程度成長した個体を馴れさせるのはなかなか難しいもの。そこでヒナから「手乗り文鳥」として育ててみたくなるわけですが、うれしいことに、初心者でもヒナから育てるハードルが比較的高くないといわれるのが文鳥。もちろん個体差はあるものの、飼い鳥として愛されてきた歴史も長いため、生態からヒナをお迎えする際の心得、その後の飼育に関する内容まで、書籍やネットなどでさまざまな情報を得ることも可能です。まずはコレ、と思った飼育入門書を手にとってじっくり目を通してみましょう（※3）。

※2
文鳥ライフで何か壁に当たったら、野生の生態を思いだしてみると何かが見えてくるかもしれません。

※3
情報は多すぎても混乱のモト。特に初心者は、まず飼育についての本を比較検討して選び、一冊を熟読して自分のわかりたいこと、知りたいことは何かはっきりさせてから、それを解決するために次の情報を得ることをオススメします。

トリビア3 日本人と文鳥

人生を併走するパートナー

　文鳥が日本人の生活に関わり始めた江戸時代から今まで、時代の変遷とともにその関係は確実に変わってきています。目に見える部分ではなく、逆に見えない部分、文鳥との深いつながりを心から楽しみ、大切にする人が増えた印象があります。

　しかし実はそれは文鳥に限った話ではないのかもしれません。社会的潮流もあり、同じ屋根の下で暮らす動物は家族であるという意識の浸透は、10年単位で振り返っても驚くほど進みました。それにともない人と動物との家族、パートナー感覚も非常に強固になってきています。

　加えて文鳥は人との密な関係づくりをのぞむ傾向があります。あまりかまってあげられないとオス・メスに関係なくストレスをためてしまい、信頼していたはずの飼い主のことを怖がるようになってしまうほど。忙しかったり状況的に一緒に遊ぶのが厳しいときは、ケージの外から声だけでもかけてあげましょう、という飼育アドバイスを見聞きしたことがある人もいるのでは？

文鳥は"絆"の大切さを教えてくれる？

　飼い鳥である文鳥の毎日はまさに飼い主＝人とともにあります。人間関係をほどよく保つコツとしてよく言われる「つかず離れず」は、文鳥と人の関係においては「ついて離れ

ず」。心を許した相手と一緒に遊んだりまったりしたり――コミュニケーション、接触を好む文鳥と、その気配を汲んでつき合える人（※1）とは、おたがいに相思相愛状態が続くでしょう。

　2007年流行語大賞にもノミネートされた「KY」という言葉が登場して以降、「空気を読む」という行為にはどうにも後ろ向きなイメージがつきまとうようになりました。しかし本来は相手の心中を慮り自発的な行動につなげていくという日本人の美徳のひとつだったはず。

　もしかすると、この「空気を読む」ことの素晴らしさを存分に味わえるのが、文鳥との関係なのではないでしょうか。

　鳥類は表情筋が少ないため犬や猫などに比べるとわかりにくいですが、毎日世話をしながら観察していると、彼らが動きや声などで一生懸命感情を伝えようとしていることに気づきます。試行錯誤しながらもコミュニケーションを重ねるうち、飼い主を信頼できるパートナーと認めた文鳥は、名前を呼ぶと喜んで飛んでくるようになるでしょう。言葉に頼らず感じあえる、現代の日本人が他者にのぞむ関係性がここにあるのかもしれません。

※1
鳥は好きだけど自分はそれほど面倒見はよくないかも、と思っている人も、文鳥と暮らし始めると相手からのアピールに知らず知らずのうちに応えている自分に気づきます。

トリビア4 文鳥の一日、一年

その日その日をできるだけ健やかに

　自分の一日について考えるとき、どう時間を使えば目的をクリアできるか、頭の中でまず一日を刻み、タイムテーブルを作る人は少なくないでしょう。それにより時間は目的を達成するための行動に使われることになります。

　対して、文鳥の一日は瞬間・瞬間の積み重ね。目の前にあることがすべてです。文鳥の唯一最大の目的は強いて言うなら「今このときを行き抜くこと」。そこで必要となるのが、健康な身体。目的の達成はそこにかかっています。

　そして、飼い鳥の健康のカギを握るのは、当然ながら飼い主である人間です。エサの用意や給水、水替え、温度、湿度の管理、清掃などなど、生活環境をしっかり整えましょう。文鳥にはできない相談ですからそれは当然のことですが、ただその作業中、人馴れした文鳥は作業する飼い主のかたわらで嬉しそうに見守り、感謝の気持ちを伝えてくれるはずです。

　また、文鳥の一日に必要なものを提供することは、同時に飼い主自身にとっても大切なものを受け取ることになります。

　文鳥の朝は、太陽の光を浴びることで始まります。決まった時間にそれを行うことで、脳に刺激が伝わり、ホルモンバランスが整うのです。結果、幼鳥は正しい成長を促され、老

鳥も行動が活発化します。太陽光から始まり、それ以降も、信頼できる飼育書などを参考にポイントを押さえて文鳥の生活リズムを守るよう世話をしていけば、文鳥が健やかに過ごせるのみならず、飼い主も健康な身体を手に入れることができるでしょう。

　毎朝日光を浴び、エサと水を得て休息もしっかりとって規則正しい一日を過ごした文鳥はあなたと過ごす日々を延ばしてくれるはずです。

文鳥の一年の２大営み　〜繁殖と換羽

　一日一日を生き抜きながら、文鳥は一年の中でもまた２つの大きな営みをこなしていきます。それが繁殖と換羽です。

　文鳥の繁殖期は毎年９月から４月にかけて。原産国のインドネシアでは一年は乾期と雨期に分かれていますが、繁殖は主に気温が少し低く過ごしやすい乾期に行われます（※1）。

　そして春が来ると発情期は終わり、終了と同時に、一年に一度、全身の羽を新しい羽と交換する換羽期へ。５月頃にはほとんどの文鳥が換羽をスタートします。このとき羽はすべてがいっぺんに抜けるのではなく、飛行が可能な程度に、約１カ月間をかけて新しい羽と交換をします。

　換羽期は環境温度や日照時間の影響を受けるため、個体差がありますが、だいたい３月から６月までの間の１カ月間で、そのうち多くの文鳥の換羽が５月から６月に集中します。体力のある若い文鳥ほど一度にたくさん抜けて短期間で終了し、体力のない老鳥や病鳥は、数カ月をかけてゆっくりと生え替わります。

※1
繁殖をしない文鳥も巣作りの真似をしたり、飼い主にべたついたりと発情している姿が見られます。ちなみに日本にいる文鳥も同じく、繁殖期は気温と湿度の低い冬となります。

トリビア5

文鳥の一生

繁殖の前のハードル＝ペアリング

　前述のように、9月から4月にかけての繁殖は文鳥が取り組む大きな営みのひとつです。その前にオス・メスともに発情期があり、9月を迎えて繁殖期に入る頃にはとても気が荒くなります。攻撃的になるのはオスのほうが多く、仲よしペアだった片方が一方的に追い立てられたり、飼い主に対して突然強く噛みついてきたりという姿が見られることも。

　繁殖前にはまた越えるべき大きなハードルがあります。それは、ペアリング。文鳥の繁殖がうまくいかない大きな理由ともなっています。

　本来、文鳥は人懐こくて愛情深い小鳥。ヒナの頃から手をかけて育てると、甘えん坊の「手乗り文鳥」になることも多いようです。ちなみにこの「手乗り文鳥」は当初、世界でも珍しい日本ならではの飼育文化でした（※1）。

　反面、人と濃密な信頼関係を築いてしまうと、その文鳥はペアリングに際し苦労することになります。

　人馴れしている手乗り文鳥に対して、それでも人とずっといるよりは鳥は鳥同士のほうが幸せなのでは、という考えを押しつけてしまうのは人間だからこそ。文鳥はいったんパートナーと認めた相手には、人であれ文鳥であれ、一途に愛を注ぎます。そのため、1羽をヒナから育てた後に2羽目を迎

※1
「手乗り文鳥」を普及させたのは白文鳥の発祥地・弥富に「弥富文鳥組合」だったといわれます。当初は早期出荷をはかるために人間がヒナにさし餌をし、人馴れした文鳥に育てたのだとか。

えた場合、新入りの文鳥に嫉妬してしまうこともあります。時にパートナーの人間のパートナーに対してもそれが発揮されるのは「文鳥あるある」です。

文鳥の行動の背景にあるもの

　繊細な一面を持ち合わせている文鳥は、環境の変化に敏感です。新しい個体を迎えたり、別種の鳥と一緒にしたりすると、縄張り意識から攻撃的になってしまいます。飼い主に心を開くまで時間がかかる場合もいるので、焦らずじっくり馴らしていく必要があります。

　生きものとしての文鳥の一生を考えたとき、やはり繁殖を、と考えるのは人間が「一生」というものの流れを意識してしまうから。でも文鳥にそうした意識はないはずです。

　もちろん本能から発情はするので心を許した味方である飼い主に求愛行動をしたりもするのですが、それを見て飼い主が新たなペア相手をつれてきてもその時点では「味方ではない生きもの」との認識なのですぐに仲よくなったりはできません。

　また、飼い主に発情して無精卵を複数産み、体力を落としてしまうメスも。文鳥の寿命は約10年といわれますが、知識不足からいたずらにそれを縮めてしまうようなことがないよう、飼い主は心すべきでしょう。

　人と文鳥、両者の認識は平行線のまま、交わることがないこともままあるもの。ここは飼い主のほうが、文鳥の立場、ペースで、その一生のことを考えていきたいものです。

Part 3 文鳥ライフ

この Part 3 では相模原麻溝公園ふれあい動物広場のバードケージで集団ライフを送る文鳥たちが仲間たちとどのように過ごしているのか、日常的な行動を中心に追ってみることにしましょう。多彩な表情から目が離せなくなりますよ!

日常しぐさ ①
羽ばたき・飛翔

日常しぐさ❷
羽づくろい

日常しぐさ❸

水浴び・水飲み

日常しぐさ④
食餌

日常しぐさ ⑤
休息・日光浴

日常のしぐさ❻

小競り合い・ケンカ

日常しぐさ ⑦

ペアでⅠ

Key Persons Interview #01

相模原麻溝公園ふれあい動物広場展示担当チーフ

西名悠里子さん

文鳥たちが屋外で集団生活！ 来園者によるSNSへの写真投稿などで全国の文鳥、鳥好きの熱い視線を集める同園の飼育ご担当者を直撃！

——こちらの広場のような文鳥の展示は珍しいと思うのですが、これはいつ頃から？

「ふれあい動物広場」は1990年に今の場所に移ってリニューアルオープンしたのですが、当初から文鳥はいたようですね。この広場のコンセプトに、大人がお子さんを連れてきたときに「これは○○だね」と会話をしやすい、なじみのある動物を展示するということがあって、それでウシやブタ、鳥も文鳥だったりと、皆さんご存じの動物が選ばれたようです。

——ただ文鳥は、家の中で一羽かペア、多くて数羽で飼うイメージで、あれだけ数がいるとあの空間ならではの生態になっていくような気がします。屋外ですし。

そうですね。文鳥に限らずセキセイインコなどもそうなんですけれど。私もやはり

最初は「あ、みんな屋外にいるんだ」ってびっくりしました（笑）。でも今まで屋内に飼われていた子を突然外に出したら体調を崩したりしてしまうと思うんですが、あの子たちはみんなここ生まれなので環境になじんでいるんです。

——屋外飼育ということで、何か工夫などされていることはありますか？

ヒーターなど機械で保温ができないので、とにかく巣箱を置く、ということですかね。それは繁殖のためでもあるんですけど。あとは、木の剪定のタイミング。バードケージ内の木はかなりにょきにょき伸びて上の網を突き破ることもあるので定期的に剪定するのですが、木は風よけにもなるので冬場は多めに覆い茂るよう気をつけています。

——それにしても冬も屋外、というのはすごい環境適応力ですね。温度管理は飼育書などでもかなり言われることですが……。

他の動物もそうなんですけど、暑さよりは寒さのほうが適応できるのかな、という気はします。リスザルやミーアキャットも暖かいところで暮らしている生きものですが、寒い日にヒーターがついているのに外

「ふれあい動物広場」にいる鳥の種類は全体で25種類、バードケージ内にいるのは16種類、飼育数は300羽以上（2019年3月現在）。ちなみに写真右は文鳥の同居人のオシドリ。広場ではポニー乗馬やウシの搾乳、エサやり、モルモットを抱いたりと、さまざまなふれあい体験もできる。イベント、休場情報は→公式ブログ「ハーモニィだより」https://harmonycenter.or.jp/category/asamizo/

に出ていたりするんですよ。コンゴウインコもそうでした。寒さのほうが適応できるという話は聞いてはいたんですけど、実際に目の当たりにすると本当なんだな、と。

——**文鳥たちは現在オシドリやクジャクバトと同じバードケージ内で暮らしていますが、種を超えた珍しい瞬間を目撃されたりしたご経験などはありますか？**

以前、クジャクバトが文鳥の若鳥、というよりはヒナに近い個体を育てようとしているところを見たことはあります。文鳥のお母さんが子育てを放棄してしまったのか、どのような流れでそうなったのかはわからないんですけど……。

まず文鳥のヒナがハトの背中に乗っていたので、自分で乗ったのかなと思って観察していたらクジャクバト自身が自分の羽の下に入れてあげたりして。守っていたんですよね。残念ながらうまくは育たなかったのですが、あのままもう少しクジャクバトと親子状態で育っていれば話題になったのかもしれないですね。まあそれもすべて自然にお任せしているので計算できることではないですけど。

ほかには、昔いたニホンキジのメスがキンケイのメスが産んだ卵を一生懸命温めていたということがありました。ニホンキジはペアではなかったのですが、自分の産んだ無精卵とキンケイの有精卵をどちらも温めてましたね。これも残念ながら両方かえりませんでしたけど、でも自分の卵でなくても温めるんだなーニホンキジも、と思いました。

——**そういうことはやはり、飼育してみて初めてわかるものですか。それともその子によるんでしょうか。**

そうですね、その子が、だと思います。

——**次に、一日の飼育の流れについて教えていただけますか。**

やることとしては、主に給餌ですね。エサの内容は一般のご家庭とほぼ一緒というか、皮付き餌がメインで、粒餌も置いてはいるんですけど、あれは同じスペースにいるハトや他の子たちも食べるので。あとは一日に一回、野菜と果物を。皮付きは切れないように、一日を通してなくならないように足しています。時間は朝の9時半くらいに必ず行いますが、その時間がいちばん群がりますね（笑）。開園と同時に入ってこらえた方は鳥が群がる様子を楽しまれてい

——繁殖のときなど、よく食べるといった時期はあるんですか？

冬ですね。エネルギーを使って身体を温めないといけないので、冬は他の季節よりもかなり多めに。繁殖の時期……まあ一年中繁殖はしていてそれは春が多いんですけど、冬のほうが餌の消費は激しいですね。

——ペアリングについてはいかがですか。

完全に自然に任せています。巣箱を設置すること、エサを絶え間なくあげるということは徹底しますがあとはお任せで。春に繁殖が多い、というのは若鳥が多く出てくることで判断しています。

——巣箱をのぞかれたりすることは……。

必要なとき以外はあえて見ないようにしています。若鳥が出てきたのを見て、あ、繁殖したんだな、って（笑）。

——（笑）。こちらの文鳥たちの様子は最初SNSで知ったのですが、スズメなど野鳥のような雰囲気で本当に驚いたんです。

ネットで知って来園される方は本当に多いです。並んだ巣箱を「文鳥マンション」と呼んでいただいたり「文鳥の楽園」って書いていただいたり。「恐縮です」って感じですけど。来園されていろいろ教えてくださる人もいてありがたいですね。

——作業されているときに話しかけるのは少々遠慮してしまいそうですが……。

いえ、大丈夫ですよ。動物に会いに、というのはもちろんですが、人に会いに行きたいと思っていただけたら本当にうれしいです。「ふれあい動物広場」ですから、そういう場にできるよう私たちも取り組んでいきたいと思っています。

遠方から来られる文鳥好きの方も。ありがたいですね

Profile
Yuriko Nishina
「ふれあい動物広場」に赴任して10年目。サルなど哺乳類から始まり、鳥も担当するように。動物全般好きだが鳥は飼ったことがなく、文鳥のレアな品種は「来場者さんに教えていただいてます（笑）」。

市で一番人気の観光スポット
相模原麻溝公園とは

隣接する県立相模原公園とともに相模原市内の代表的な公園として広い世代に親しまれている市立の総合公園。ふれあい動物広場のほかにも、晴れた日は東京スカイツリーや富士山などものぞめる公園のシンボルの展望塔「グリーンタワー相模原」、季節ごとの花が楽しめる大花壇、芝生広場にフィールドアスレチックほか充実の施設を誇る。写真の右端がふれあい動物広場側からの入り口。

神奈川県相模原市南区麻溝台2317-1 http://www.city.sagamihara.kanagawa.jp/shisetsu/kouen_kankou/kouen_ryokuchi/1003087.html

Part 4

文鳥トリップ

江戸時代から日本で飼い鳥として愛されてきた文鳥は、昭和50年代（1975-1984）には全国的に一大ブームを巻き起こします。当時国内唯一最大の生産地として活況を呈した愛知県弥富市を訪ねました。

白文鳥発祥の地・弥富へ

白文鳥を育み、文鳥ブームに沸いた弥富

　真っ白な羽にピンクのくちばし、黒い瞳──そんな美しく高貴な姿に愛らしい声、そして文鳥ならではの人懐っこい性格と、相反する要素を併せ持つ白文鳥は、文鳥の中でも特に多くの人々から愛される品種です。明治時代に現在の愛知県弥富市で誕生したといわれています。

　この地はその後、昭和50年代の文鳥ブームで広くその名を知られるようになる「弥富文鳥」の一大生産拠点となりました。最盛期の1975年頃には弥富文鳥組合が把握していただけで生産者は200軒以上、30000箱以上で飼育されていました。弥富は全国シェア8割を担う文鳥産地だったのです。

　ちなみに「弥富文鳥」のルーツは江戸時代末期、尾張藩の武家屋敷に奉公していた八重という女性が又八新田地区に嫁いできた際に持参した、奉公先より譲り受けた桜文鳥と伝えられています。その子孫にあたるのでしょうか、白文鳥は明治初めに突然変異により生まれた白い文鳥が品種として固定化されたものなのだとか。

　古来、古代中国で帝王の出現を示すとされた白蛇をはじめ、白い動物は吉兆と考えられていました。弥富に出現した白い文鳥も大切に育てられ、白文鳥という品種が誕生するに至ったのでしょう。そして時代が下ると、文鳥生産は農家の副業として地域に広がり、前述のように昭和50年代にピークを迎えるのです。白文鳥フィギュアが乗った電話ボッ

JR弥富駅（写真上）と近鉄弥富駅（写真下）。両駅間は徒歩2分ほど。

海外にも知られる白文鳥という品種につながる文鳥が弥富で飼育され始めてから150年以上。時代の変遷とともに失われつつあったこの地の文鳥文化は今、新たな歩みを始めていました。

クス（P68下段写真中・右）や文鳥をモチーフにデザインされた各種モニュメントなど、弥富周辺では今も文鳥生産が重要産業だった時代を感じさせるものを目にすることができます（→ P84）。

「弥富文鳥」の灯を守るさまざまな動き

しかし平成以降、人々の趣味の多様化、ライフスタイルの変化ほか時代の波により、文鳥の需要は減少していきます。それにともない出荷数も右肩下がりとなり、ついに2009年には高齢化や需要減などを背景に弥富文鳥組合は解散、2019年3月現在、弥富の文鳥農家は2軒のみとなりました。

このままでは150年以上続いた弥富の文鳥文化は失われてしまう──心配の声があがるなか、弥富市の隣、愛西市にある愛知県立佐屋高等学校生物生産科アニマルコースの生徒たちにより「文鳥プロジェクト」と名付けられた新たな取り組みが始められました（→ P76）。

また、弥富市歴史民俗資料館（→ P70）には2018年5月から文鳥職員のぶんちゃんが就任し、注目を集めています。

こうした盛り上がりを受け、近鉄弥富駅構内には「金魚の生産金額日本一」を誇る「弥富金魚」と、ぶんちゃんの顔出し看板（P68下段写真左）が登場。地域文化の継承、広報のあり方と可能性が世代を超えて模索されています。

弥富市歴史民俗資料館で来館者をおもてなしする弥富文鳥のぶんちゃん。「ぶんちゃんおみくじ」は大人気。

Spot

文鳥職員も活躍、郷土の文化を後世に伝える
弥富市歴史民俗資料館

白文鳥発祥の地であり、かつて一大文鳥産地として隆盛を誇った弥富市の歴史、民俗、産業、自然などをしっかり押さえることができる資料館。もちろんSNSで人気を集める文鳥職員のぶんちゃんにも会えます！

弥富文鳥散策のスタート地点に

　弥富市に残る文鳥文化の足跡をたどるなら、事前に訪れたいのがこちらの資料館。館内に入って1階奥に向かうとまず目に入るのが、正面に据えられた複数の水槽。市の特産である金魚が20種類以上泳いでいます。1994年にスペースシャトルコロンビア号で宇宙に行った金魚の子孫も当時の実験内容とともに展示されていました。

　そしてその水槽の右手にあるのが、文鳥職員ぶんちゃんのいる鳥かごです。SNSでその活動ぶりが発信されるや全国の文鳥、小鳥好きの心をとらえ、一躍人気者になったぶんちゃん。ご希望があれば、かごから出ての"おもてなし"も♥

　その隣の常設展示スペースでは「風土の歴史」「文化の歴史」をパネルやジオラマ、モデル等で紹介。江戸時代から干拓が行われてきた水郷地帯の弥富で地の利を生かして花開いた産業の内容と背景、もともと水害の多かったこの地域に未曾有の被害をもたらした1959（昭和34）年の伊勢湾台風の記録など、地元住民でなくとも共有しておきたい記憶にも触れられ、貴重な時間が過ごせるはず。「文化財マップ」で文鳥にまつわるスポットもチェックできるので、こちらで知識を得て現地に足を運ぶ

展示は1階(常設展示)と2階(期間限定の特別企画展示/常設展示)の2フロアで展開。取材時に開催されていた企画展ではぶんちゃんの成長の様子も紹介されていました(写真右下)。また、2階ロビーでは弥富文鳥生産農家の1年を通じての飼育の流れとヒナの成長がわかる紹介映像なども観覧可能。通常はここでしか観られない充実の内容のVTR(約5分)は必見です!

とより味わい深い体験ができそうです。

また2階の常設展示では、文鳥飼育に実際に使用された道具類などの興味深い資料を通して文鳥文化がどのように育まれていったのかを体感することができます。

同じく2階では期間限定で企画展が開催されています。実はぶんちゃんがおもてなし職員に就任したのは2018年開催の「生きもの王国やとみ」と題された企画展示がきっかけでした。その解説書の「おわりに」から、身近すぎて普段見すごしがちな郷土の自然や文化とのつき合い方を考えさせられる一節をご紹介しておきましょう。

弥富には、人の自然開発によって減ってしまった生きものがいる一方、人が関わらなくなったことでいなくなってしまいそうな生きものもいます。また、もともといた生きもの以上にたくましく生きる外来種もいます。

自然も文化も、「興味がないから」と無視してしまうと、未来に残ることはありません。今当たり前のように見られるものが、二度とみられなくなってしまう可能性も十分にあります。そのため、貴重な環境や文化を守るために取り組みを続ける人たちがいます。

まずは、この展示で紹介した生きものに興味を持っていただければと思います。身近な自然や文化のおもしろさに気づいていただけたら、こんなにうれしいことはありません。

──『企画展「生きもの王国やとみ 金魚・文鳥・身近ななかまたち」展示解説書』(弥富市歴史民俗資料館)掲載「おわりに 明日の生きもの王国」より

弥富市歴史民俗資料館
愛知県弥富市前ケ須町野方731
TEL0567-65-4355 http://www.city.yatomi.lg.jp/kurashi/1000296/1000301/1000303.html

Key Persons Interview #02

弥富市歴史民俗資料館学芸員
嶋野恵里佳さん

歴史民俗資料館の文鳥職員ぶんちゃんをヒナ時代から見守り続けている学芸員の嶋野さん。ぶんちゃんとの二人三脚の活動についてうかがいました。

――こちらはもともと金魚のいる資料館として親しまれていたようですが、ぶんちゃんが職員として就任したのはどういったことがきっかけだったのでしょう。

2018年7月18日～9月2日に企画展「生きもの王国やとみ　金魚・文鳥・身近ななかまたち」を開催するにあたり、企画段階で弥富の生きものや自然と関わる方々に取材をさせていただきました。文鳥について調べるうちに飼ってみたいと思いました。

――嶋野さんはそれまで文鳥を飼育されたりしたご経験は？

なかったです。文鳥に限らず小鳥の飼育はぶんちゃんが初めてで。でも飼い始めたらその魅力に夢中になりました。ただ初めてではありましたが、専門家である農家の方にいろいろ教えていただけたので。

――ぶんちゃんを最初に拝見したのはSNSの投稿でした。ネットを通じて資料館や弥富文鳥について初めて知ったという方も多かったのではないでしょうか。

そうですね。ぶんちゃんに会いたいと、かなり遠方から連絡をくださる方がいらっしゃって驚いています。また、この資料館

特別お蔵出し★ 嶋野さん「推し！」ぶんちゃんスナップ集

写真　弥富市歴史民俗資料館

には郷土の歴史文化を学ぶ授業の一環で小学生が見学に来られるのですが、そこでぶんちゃんに会って家族の方と一緒にまた来てくれるということもけっこうあります。

——先ほどもいらっしゃいましたが、リピーターの方はかなり増えているのでは？

そうですね。ぶんちゃんがいることで気軽に立ち寄っていただき、企画展が始まるとそちらもまた観ていただいたり。

——お世話が増えて大変なのかなと思う部分もあったんですが、ぶんちゃんが来たことで学芸員としてのお仕事にもいい意味で影響があるということでしょうか。

タイミングがよければぶんちゃんをかごから出して来館者の方にふれあい体験をしていただいているんですが、やはりいろいろお話することができるんですね。そこから気づいたり、展示のアイデアにつながることもあります。テレビの番組などで紹介していただくとそこでまたぶんちゃんを応援してくださる人が増えて。県外の有志の方から「こういう企画を一緒にやれませんか」とご提案いただいたりするのも、ありがたく刺激になりますね。

現在、弥富市の文鳥産業自体は生産者の方の高齢化もあって文鳥組合も解散し、以前のように「文鳥の一大生産地」といった言い方はできません。でも白文鳥発祥の地で文鳥と深く関わってきた地域であることは事実ですし、近くの愛西市の佐屋高等学校の皆さんが繁殖飼育に取り組んでいることや弥富文鳥の魅力について、これからもぶんちゃんと一緒にお伝えしていきたいです。

Profile
Erika Shimano
2016年から資料館にて勤務。5月11日開催のぶんちゃんのお誕生日記念イベントほか資料館の展示・イベント情報、ぶんちゃんの動向はSNSをチェック！→「【公式】弥富市歴史民俗資料館」https://twitter.com/yatomi_rekimin

撮影の際、特に嶋野さんが「やってみたかった」シチュエーションは、文鳥生産農家で実際に使われていたヒナを育てるための「いずみ」を使用するというもの。いずみの中でくつろぐヒナ時代のぶんちゃん。

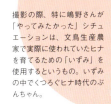

ぶんちゃん成長アルバム

2018年5月15日（生後約15日）

① 家に来て2日目。風切羽の先が少し開いています。来たばかりの頃は、あまり餌をねだりませんでした。

2018年5月18日

② 風切羽が開いてほわほわになりましたが、まだ体は羽が生えていません。

2018年6月1日（生後約1カ月）

⑥ 初飛行に成功。飛べると自信がついたようで、今までとは違う少しするどい目つきになってきました。

2018年6月7日

⑦ ひならしく胸のそのう（食べ物を消化する部分）が丸見え、羽はごはんがくっついてしまってぼさぼさです。

2018年7月8日

⑩ 水浴びをしました。尾羽が抜けて「ひな換羽（とや）」が始まりました。ひなの羽が少しずつ抜けかわり、大人の羽になります。

2018年7月22日

⑪ 7月からふれあい体験を始め、子どもたちの人気者になりました。「ぶんちゃんに会いたい」と何度も会いに来る子も。

2018年8月22日

⑫ 野菜やくだもののビタミンは元気な体に欠かせません。豆苗や小松菜、梨が特にお気に入りのようです。

2018年11月1日（生後約6カ月）

⑮ 生後半年になり、大人の文鳥になりました。オス特有のさえずりを一度もしないので、メスのようだとわかりました。

2018年11月7日

⑯ 人見知りはしないのに「鳥見知り」をするようになり、文鳥のマスコットを近づけると怒るようになりました。

写真＋写真コメント　弥富市歴史民俗資料館

歴史民俗資料館のおもてなし職員ぶんちゃんは2018年5月生まれ。生後2週間ほどで資料館にやってきました。ここでは2018年5月から2019月1月までの成長の様子をご紹介。

2018年5月23日

③ しきりに餌をねだってきます。さし餌が終わっても手から降りたがりません。

2018年5月26日

④ 坊主頭だった頭の羽が開いてほわっとした印象になりました。羽をのばして、飛ぶための練習をよくしています。

2018年5月31日

⑤ もうすぐ飛べそうです。弥富でひなを育てるときに伝統的に使われていた「いずみ」に入れてさし餌をしました。

2018年6月22日

⑧ 自分でアワ穂から実を取って、皮をむいて食べられるようになりました。

2018年6月27日

⑨ まだ桜文鳥のようなグレーの羽が多く残りますが、大人とあまり変わらない立派な姿になりました。

2018年9月13日（生後4カ月半）

⑬ 頭に残った黒い模様が「平安貴族のマロ眉みたい」と人気でしたが、数日後にはなくなってしまいました。

2018年10月21日

⑭ 文鳥は生後数カ月で好き嫌いが決まります。にぼしは特に大好物で、においがすると飛んでくるようになりました。

2018年12月12日

⑰ 力が強くなり、「ぶんちゃんおみくじ」では、引いたおみくじを離さないときも。元気でたくましく育ちました。

2019年1月4日（生後約8カ月）

⑱ 勤務中は元気に遊んでいますが、飼い主と二人きりのときは手の中でゆっくりすることも。親子水入らずの楽しい時間です。

愛知県立佐屋高等学校の「文鳥プロジェクト」

消えゆく弥富文鳥の飼育・繁殖技術を継承するべく高校生たちがスタートした取り組みが「文鳥プロジェクト」。当初停滞時期もあったものの着実に成果を挙げつつある活動をご紹介します。

文鳥と「普通じゃできない！」経験

　愛知県立佐屋高等学校は、農業科と家庭科という2大学科の下でさらに専門の学科、コースに分かれて知識と技術の修得を目指す生徒たちの学び舎。弥富市に隣接する愛西市の、白文鳥発祥の地でもありかつて文鳥の里としてにぎわった又八新田地区にほど近い場所にあります。

　そんな同校の生物生産科（農業科）アニマルコースに、2009年の弥富文鳥組合解散後、飼育技術の継承を願う生産者から弥富文鳥が寄贈されました。これが今日の「文鳥プロジェクト」へとつながっていきま

す。佐屋高生の合言葉は「普通じゃできない経験をしよう！」とのことですが、弥富文鳥との「普通じゃできない経験」がここからスタートしたのです。

　2013年、愛玩動物や家畜の飼育について学ぶ生徒たちが授業の一環として繁殖活動に着手。初年度に一羽がかえったものの、育つことなくその後しばらくヒナの誕生はありませんでしたが、2017年10月に白文鳥と桜文鳥が2羽ずつ誕生。その後1羽ずつが育ち、この「5年越し」のチャレンジの成功は新聞などでも紹介されました。

　当時の生徒たちによると、難しいといわれる文鳥のペアリング成功のために、それ

まで以上に文鳥と過ごす時間を増やし、それぞれの個性を観察するなどの工夫を重ねたのだとか。同じ年の2月に開設したTwitterアカウント（「佐屋高校文鳥プロジェクト」https://twitter.com/BunchocoRisu）での投稿で活動について報告、それに対して全国からエールやアドバイスが寄せられたのも、メンバーたちの頑張りにひと役買ったようです。

ちなみにSNS投稿は持ち回りで担当しているとのことですが、こうしたSNSを利用しての発信とつながりも、文鳥との出会いがもたらしてくれた「経験」のひとつなのかもしれません。

翌2018年には文鳥とのチャレンジは農業科から家庭科にも波及します。家庭科の専門課程を履修する生徒全員が参加する課外活動である家庭クラブが、文鳥をモチーフにしたトッピングを盛りつけた「文ちゃんカレーうどん」をカレー店のCoCo壱番屋弥富国一店と共同開発。この活動が「文鳥プロジェクト」の一環として紹介されたことで、プロジェクトの名はさらに知られるようになっていきました。

飼育・繁殖に取り組む生徒たちは秋に開催される文化発表会で「文鳥プロジェクト」の活動を紹介などしながら、その後も生産農家や、鳥販売店の人たちなどからのアドバイスを受け、努力を続けます。文鳥もそれに応えるように産卵、ヒナも順調に育っていきました。

そして2019年1月、初めて一般に向け、予約販売を実施するまでに至ります。ヒナは対面受け取りに限られたため、購買者は地元の人が中心となりましたが、即完売に。弥富文鳥と家族になる楽しさを知る人がこの活動から増えていく、さらなる一歩となりました。次ページからはそんな「文鳥プロジェクト」メンバーの皆さんの声をお届けしていきましょう。

愛知県立佐屋高等学校　愛知県愛西市東條町高田39　http://www.saya-h.aichi-c.ed.jp/

Key Persons Interview #03

佐屋高等学校「文鳥プロジェクト」
メンバーの皆さん

弥富文鳥の文化、生産技術継承に挑戦。SNSでも活動の模様を発信、全国からエールが寄せられるプロジェクトの皆さんに話を聞きました。

——まず、皆さんが「文鳥プロジェクト」に関わるようになったきっかけについて教えてください。

福澤真歩／3年（以下、福澤）（＊学年は取材時のもの。以下同）実習中、文鳥の管理をしたり、手に乗せたりしているうちにその魅力を知り、もっとたくさんの人に伝えたいと思って参加しました。

福重綾花／2年（以下、福重） せっかく佐屋高校に来たので、ここならではのことに取り組みたいと思ったからです。

宮川由貴／1年（以下、宮川） 先輩方によるプロジェクト発表会で知りました。1年生でも参加できると聞いてやってみようという気持ちになりました。

山神亜祐菜／1年（以下、山神） 入学時点ではプロジェクトについてはまだ知らなかったのですが、テレビやラジオなどで紹介されていたことから知り、それがきっかけで参加しました。

——それまで文鳥について抱いていたイメージはどんなものでしたか？

福澤・福重 実は高校に入学するまで文鳥という鳥のことを知りませんでした。

宮川 私も入学してから知りました。

山神 小さくて毛並みもきれいで鳥が少し苦手な自分でも触れるという印象です。

——これまで鳥の飼育経験はありましたか？ なかった方は、活動に取り組んでみての感想をお聞かせください。

福澤 手に乗ってくれたときは嫌なことも忘れられるくらい癒されます。文鳥プロジェクトのメンバーではない人にも触ってもらって、「かわいい」と言ってもらえるとやりがいを感じます。

福重 私自身、佐屋高校で生まれた文鳥を家に迎え入れ、文鳥の癒しのパワーを思い知らされました。

宮川 なかなか手に乗ってくれないなどうまくいかないことも多くありましたが、乗ってくれたときはとても嬉しかったです。

山神 世話は授業前にもあり朝が早くて予想以上に大変で難しいですが、文鳥が卵を産んでヒナを見た瞬間は本当に嬉しくやりがいを感じます。

——「文鳥プロジェクト」の具体的な活動内容についてあらためて教えていただけますか。

福澤 学校のある愛西市のお隣の弥富市で誕生した白文鳥の飼育技術、文化を絶

参加するまで文鳥を知らなかったメンバーが新たな文鳥好きを生んでいく――このプロジェクトの存在価値を知らしめるような事実に驚き。とはいえ1年間の活動を通して文鳥の扱いはペアリングをサポートできるほどばっちり（写真上）。検卵ライトのほか携帯電話のライトで検卵する姿がいかにも高校生（写真右上）。

やさないために繁殖と保存活動を行っています。繁殖については文鳥農家さんにアドバイスをいただいたり、みんなで力を合わせて試行錯誤した結果、たくさんの文鳥を誕生させることができ、新しい家族の元へと送り出すこともできました。また、さまざまなイベントに参加し、文鳥との触れ合い体験や紹介などを通して多くの人に魅力をお伝えしています。

――プロジェクト立ち上げから繁殖成功までには数年を要したそうですが、関係した方々からのアドバイスで印象に残っているものは？　特にここを工夫した、といったことがありましたら教えてください。

福澤　文鳥のペアの見直しを行ったり、ヒナの温度管理をしっかりと行いました。

福重　失敗を生かして温度管理を徹底したり、さし餌をちゃんと奥まで入れるようにしたことです。ほかにも、アドバイスをいただいてかごに布をかけるようにしたり、つぼ巣の代わりに箱巣を試したりしました。

――活動されていていちばん印象に残ったこと、感動したことは？

福澤　検卵のとき、有精卵で卵から血管が見えて動いているのを見たときは毎回感動します。また、自分たちが育てたヒナを新しい家族へと送り出すときです。

福重　文鳥を知った人が喜んでくれたことですね。

生川結依子／2年　感動したのは、自分で育てた子を飼っていただいたことです。

福澤　文鳥とプロジェクトは高校生活を変えてくれた本当に大切な存在です。たくさんの貴重な経験をすることができ、一生忘れることのない思い出になりました。そして、最高の仲間に出会えて幸せです。

福重　プロジェクトに参加したのは偶然だったのですが、それにより高校生活が劇的に変わりました。神様に感謝レベルです。また、私が1年生のときはヒナが生まれたことがまずすごいことだったのに、今はそれが当たり前で販売できるまでになったというのがとにかく感慨深いです。

宮川　新聞で大きく取り上げられているのを目にするととても誇らしく感じます。

山神　自分自身が文鳥に詳しくなり、地域の人にも伝えられることを本当に嬉しく思います。自分の通っている高校から文鳥が広まって注目されることによって、より多くの方に文鳥を知ってもらうきっかけのひと

特別収録 ★ メンバー「推し!」スナップ集

つになっているといいなと思います。
——学校がお休みのときはご自宅で世話をされていたそうですが、ご家族の反応は?
福澤 家族も一緒になって文鳥の世話をしてくれました。
福重 家族も文鳥と出会えて楽しそうです。
——3年生は卒業でプロジェクトを引退されますが、今後、文鳥とどのようにつき合っていきたいですか?
福澤 進学先で文鳥の写真を見せて、かわいさをばんばんアピールして文鳥の魅力

を伝え続けます!(笑)
——文鳥という鳥、弥富文鳥の「推し!」ポイントを教えてください。
福澤 におい!! 弥富文鳥ならではの真っ赤なくちばしとアイリングが目を引きます。甘えんぼの子もいるし、ツンデレの子もいるし……とにかくかわいい! 癒しの存在です!!
福重 ツンデレのデレのときに甘えてピョンピョン近づいてくるところとか、リラックスしているときのまるまるの「おもち」と

か、とにかくかわいいです。

山神 文鳥は鳥に慣れていない人でも自分から行かなくても文鳥から近づいてきてくれるので関わりやすい鳥です。手に乗ってくれるので触りやすく、また毛並みはふわふわで触るとクセになります。

──最後に、読者の方にメッセージを。

福澤 これを機に少しでも文鳥について興味を持ってもらえたら嬉しいです。

福重 文鳥の可愛さを実感してみてください。弥富といえば文鳥、佐屋高校といえば文鳥、と言っていただけるようにこれからも頑張ります！

山神 文鳥プロジェクトはこれからももっとたくさんの人に知ってもらうために活動をしていくと思うので、ぜひ応援をお願いします！

Profile
Buncho Project
愛知県立佐屋高等学校生物生産科アニマルコースの生徒たちによる弥富文鳥文化復活プロジェクト。2009年に解散した弥富文鳥組合より成鳥やひなの寄贈を受け2013年から授業の一環で繁殖に取り組んできた。

プロジェクト生まれのヒナ成長アルバム

写真　佐屋高等学校「文鳥プロジェクト」

プロジェクトメンバーの皆さんが撮りためてきたヒナたち。「がんばれ！」「かわいー！」という撮影者の声が聞こえてきそうな写真がズラリ。

弥富周辺 文鳥ゆかりの「見どころ！」一覧

白文鳥ファンならずとも訪ねてみたいこのエリア。かつての隆盛に想いを馳せつつ文鳥ゆかりのスポットやモニュメント巡りをしていると、現在進行形で文鳥文化を伝えていく人たちの志と意気にも触れられるはず！

【文鳥モチーフの〇〇アリ！】

「文鳥村」と呼ばれた又八地区の最寄り駅である佐古木駅やJRと近鉄の弥富駅。構内や周辺には文鳥をデザインしたモニュメントなどが。探してみよう！

- 佐古木駅（近鉄名古屋線）
- 近鉄弥冨駅（近鉄名古屋線）
- JR弥富駅（JR関西本線）
- 白鳥コミュニティセンター
- やとみの塔
- 水郷の塔
- 白文鳥発祥地碑（弥富市又八）…又八神明社内にある。
- 文鳥電話ボックス（→P76）…国道1号線沿いにある。

【文鳥関連立ち寄りスポット】

- 弥富市歴史民俗資料館…文鳥職員ぶんちゃんに会えて弥富市の歴史文化も押さ

水郷地帯で名古屋港（太平洋）も近い弥富の地理条件がよくわかるマップ。これを頭に入れて歴史民俗資料館の伊勢湾台風被害（文鳥たちも多数流されたそうです……）展示に触れると、台風後の文鳥農家さんたちの奮闘も想像できるのでは。2019年5月に1歳の誕生日と歴史民俗資料館"勤続"1年を迎える文鳥職員ぶんちゃんも資料館で待ってるよ！（写真背景は資料館1階にある「やとみのプロフィール」）

弥富市歴史民俗資料館の常設展示には又八地区に立つ1970年建立の「白文鳥発祥の碑」(右写真) ほか地域の史跡の紹介が。

えられる重要スポット。壁の文鳥レリーフ (→P70) にも注目。

- ももの木 (弥富市前ケ須町野方771 →下囲み)
- ウィングプラザパディー (弥富市鯏浦町町南新田123) …ショッピングモール。白文鳥をデザインしたマークが♥ (→右上写真) 弥富土産にしたい「文鳥の里」 (→下囲み) も販売。

ぶんちゃんの誕生日イベントと連動した「mini文鳥マルシェ」はウィングプラザパディー (→P84) で5月11日に開催。

- 鳥トウ商店 (津島市大縄町9-69) …地域の信頼も厚い津島市の小鳥販売店。タイミングが合えば弥富文鳥もいるかも?
- 間崎公園 (弥富市間崎町ハノ割42-6) …公園内に鳥小屋がある。文鳥やオカメインコがいる場合も。

【こちらもチェック!】
- 愛知県立佐屋高等学校 (→P76)

弥富土産はコレで決まり!
「文鳥の里」
「文鳥たまご」

文鳥好きには有名なスイーツショップ「ももの木」(www.yatomi-momonoki.jp/)。併設のティールームは弥富散策のひと休みにもぴったり♪です。お土産には、文鳥組合理事長も務めたお父上から「文鳥にまつわるお菓子を」とリクエストされてご主人が考案した「文鳥の里」を (味はいちご、いちじく、シナモンアップル、オレンジの4種)。「文鳥たまご」はなめらかなホワイトチョコレートクリーム入りの生菓子で、隠れた人気商品だそう。ともに単品販売OK。

ご主人は子どもの頃、家業のお手伝いで文鳥の手乗り訓練などを行っていたのだとか。ショップの屋根飾りの文鳥にも注目!

特別収録

文鳥ライフ in Hawaii

道端や裏庭をスズメのように自由に行き来する文鳥に出会えたら──？ 場所によってはそんな夢のような光景が日々繰り広げられているハワイ島。ここでは彼の地に移り住んで以来「(野生)文鳥といっしょ♥」ライフを満喫、そのうらやましすぎる様子をブログで綴る、にゃーさんの写真とお話をご紹介します！

写真 村松奈緒美 (P86-93)

来るのは文鳥だけじゃありません

次の世代もしっかり育ってます

Key Persons Interview #04

ハワイ島在住／ブロガー
にゃーさん

瀕死のヒナの保護をきっかけに自宅裏庭にやってくる野生文鳥たちとの交流も深めたにゃーさん。その気になる文鳥ライフについてうかがいました。

——ハワイ島で野鳥としての文鳥に出会われたとき、どう思われましたか？

森に隣接している現在の自宅がたまたま彼らの通り道だったようで、野生の文鳥とはこちらに移り住んで間もなくご縁ができました。そこで『ハワイでは文鳥って野鳥なんだ』と知りましたが、いざ探してみると街のどこででも見かけるわけではなく、出没エリアとそうでないエリアがくっきり分かれていますね。ハワイで野生の文鳥を見てみたい方は出没エリアを事前調査してから出かけられるといいと思います。

——これまで鳥を飼われたご経験は？ 身近に接するようになった文鳥の印象もお聞かせください。

ハワイ島に来る前に暮らしていたワシントン州でセキセイインコを飼ったことがあります。また、そこで森の奥から飛んできた迷い鳥のオカメインコを保護し飼い主が見つからないまま飼ったこともありました。ただ、この子は気性が激しく噛みつく子だったので、しばらく鳥のくちばしが苦手で怖くなりましたね。

実は文鳥に関しては、種類が判別できる程度で思い入れなどは特になかったんです。日本にいるときも周囲に飼っている人はおらず、実際に接する機会を得たのはここハワイに来てから、わが家の一員となった野生文鳥ちびすけがきっかけでした。ちびすけは私がハワイ島に移住後しばらくして主人が経営する飲食店のエントランスの茂みでかろうじて生きているところを発見、その日の夜が峠かというほど瀕死の状態でしたが、主人が根気よく世話を重ねてどうにか回復しました。挿し餌を食べるようになってからは私たち夫婦を両親と信じ、とても甘えん坊な手乗り文鳥に育っています。以来、文鳥のあの大きなくちばしで甘噛みされても怖くなくなり、苦手だった鳥のくちばしを克服することができました（笑）。

——保護したヒナと暮らし始めて気づいたこと、苦労されたことなどは？

アメリカは鳥の飼育面では日本と比べると先進国で、かなり以前から多くの州でペットショップでの小鳥の販売が禁止・規制されています。本土では愛鳥家や真剣なブリーダーたちによるフォーラムやイベントが活発ですが、ハワイでは文鳥はあくまでも野鳥という立ち位置のようです。現在大手チェーン店が街に1軒ありますが、小鳥

は販売されていません。ローカルのクラシファイド(目的・地域別に広告・告知が掲載された情報媒体)でも鳥情報はほとんどなく、小鳥のブリーダーもハワイ島には存在しないようです。

　そしていちばんの苦労は、なんといっても小鳥専門の獣医がいないことです。車で1時間半ほどのところに野鳥保護施設がありますが、こちらはハワイ固有種、絶滅危惧種保護目的のための施設で、一般野鳥保護は担当外。ネットでローカル情報を検索しても大型のオウムやパロットを飼っている人はいるようですが、小鳥飼育者の情報はまったくと言っていいほどありません。

　ちびすけは保護したときから小柄な痩せっぽちで食が細く、体重は成鳥になってからも21gのまま。文鳥の好物と言われるものをあれこれ与えてもどれも長続きせず、豆苗を育てて与えても大して食べてくれませんでした。強くたくましい個体であれば自然に帰すという選択肢もあったでしょうが、そこで生き延びるのはまず厳しそうという判断から、ちびすけが天寿を全うするまで責任をもって夫婦で面倒をみていこうと決意したのです。とはいえ、小鳥の獣医さんも飼育者の知り合いもおらず、安心して預けられる施設もない、ちびすけは弱々しくて活気がなく、頬のハゲは換羽を繰り返しても2年近く続き、足のはばきも治るきざしはない……。

　そんな状況に光が差したのは、SNSがきっかけでした。ちびすけの姿を案じる

投稿をしたところ、ツイッターのフォロワーさんが裏庭の野生文鳥とちびすけに会いに東京からはるばる訪問してくださり、そのご夫妻から文鳥を専門に研究されているNPO法人小鳥レスキュー会（99kotori.blog.fc2.com/）の代表で小鳥の専門家、上中牧子さんをご紹介いただいたのです。ちびすけは連れていけないため主人が日本の上中さんを訪ね、治療についてあれこれ相談させていただきました。その後アドバイスをもとに食生活と住環境、生活習慣などを改善した結果、半年ほどでほっぺハゲは完治、はばきもだいぶ小さくなり見違えるほど元気になって今に至ります。ご夫妻と相談に乗ってくださった上中さんには心から感謝しています。

　一説に野生の文鳥の寿命は2年程度といわれますが、混合シードから切り替えたペレットでの栄養がよかったのか、おかげさまでちびすけは2019年1月で満6歳になりました。これまで日中はずっと放鳥していましたが、ここのところ足腰にもたつきが見られるようになり、あやうく踏みそうになる場面も出てきたため、ケージで過ごす時間を少しずつ増やしています。

——**周囲に文鳥を飼っている人はいないとのことですが、地元の方は野生文鳥にはどのように接していらっしゃるのでしょう。**

　日が暮れる時間になると一斉に集まってくる文鳥の群れを歓迎しているお店を近所に発見しました。商店の駐車場のねむの木やレインボーシャワーツリーにバードフィーダーを複数吊り下げて従業員交代制で毎日かかさず餌の補充をしているとお店の方が言われていました。長年餌付けしているのでしょう。餌箱に餌を補充しにくる従業

独特の環境に生きる
ちびすけ（♀）のこと

1羽飼いながら、毎日裏庭を訪れる多くの野生文鳥とサッシ窓越しに対面しているちびすけ。野生文鳥に対する反応を長い間観察し続けてきたにゃーさんによると、ちびすけは特に彼らを恋しがるでもなく、一緒に遊びたいリアクションを見せるでもなく、淡々としていてわりと無関心なのだとか。一方、窓外の文鳥たちはにゃーさんとちびすけの関係性に興味津々。また、ひなぶんズたちにちびすけは大人気で、窓越しに複数のヒナによく追いかけ回されているのだとか。それに対してはやや困惑した態度で知らんふりのちびすけ。同じ文鳥という自覚はあまり感じられないそうです。

員にも懐き、補充するその手に乗ってくるそうです。文鳥たちは駐車場を行き来する車にも慣れていて、お客さんたちも文鳥の存在をご存知のよう。日常風景として野生の文鳥と人々ののびのびとした時間が流れています。野生の文鳥でも、条件が揃えば人の手に恐れず乗るのだということがわかり、それをきっかけにわが家に集まる文鳥たちに手から直接餌をあげる夢を実現することができるようになりました。

多くの文鳥たちと接していて感じるのは、性格はもちろんそれぞれで違うにしても、基本的に好奇心旺盛、甘えん坊で人懐っこく喜怒哀楽が豊か、楽しいことが大好きな愛くるしい鳥だなということですね。

——**裏庭に来る文鳥たちの一年の過ごし方について教えてください。**

一年中暖かいハワイでは産卵時期などは特にないようにも思えますが、過去に撮影した写真を見ると、ヒナ出没時期は集中して冬場に多いことがわかります。秋から出産ラッシュが始まり、ヒナの姿は冬から春に増加します。卵を温めるには夏場のハワイ島コナの日中は高温多湿でキツイのかもしれませんし、ヒナに餌を与え続けねばならない体力も夏場の日中の暑さでは消耗しやすいのかなと観察していて思いました。

私のブログ「裏庭はわい島」では、巣立ちを迎えて最初に裏庭に出没する文鳥のヒナを「黒くちばしちゃん」、成長すると「ピンクくちばしちゃん」、オトナの文鳥は「オトナぶん」と呼んでいます。裏庭デビューした黒くちばしちゃんがオトナスーツに衣替えするまで数カ月間。全員がオトナぶんと同じ姿となるのにまた数カ月間。その後一時的に裏庭に毎夕やってくるオトナぶんの数が

半分から3分の1ぐらいに減る時期が1カ月近くありますが、ちょうどその頃が産卵ラッシュにあたるようです。この3つの期間が1サイクルになります。

　ヒナたちが一斉に現れだすと、裏庭は「ごはんちょうだい」を叫ぶパワフルな大合唱に包まれます。ヒナは大人と見れば誰かれかまわず「ごはんちょうだい」とけたたましい声で催促し追いかけ回します。わが子に餌を持ってきた母鳥の周りによそのヒナ9羽が大集合するといった光景も。オトナぶんの反応は、ひたすら無表情で無視するもの、追いかけ回されても忍耐強く逃げ回るもの、ジャマだけ！と容赦なく追い払うものまで、十人十色ですね。

　ときおり文鳥以外のヒナも裏庭に現れます。親鳥が餌探しをしていてヒナが数羽取り残されピーピー鳴いている間は、周りのオトナぶんズはよそ者ヒナを追い払ったりすることはなく、複数がそっとあたたかく見守っていました。地域のみんなで助け合って育てる子育てのようなおだやかさとやさしさがあふれています。

――野鳥として集団で暮らす文鳥と飼育されている個体で違うなと思われる点は？

　毎日通ってくる文鳥たちはあちこちから集まってくるのではなく、生まれたときからここに通ってきているひとつの群れの大家族です。2012年から毎年見守っていくうちに、子が親となっていく姿とともに、いつも同じ顔ぶれが通ってきていることが文鳥たちが見せてくれる私への愛着でわかるようになりました。これまで5世代ぐらい見送ってきたかもしれません。野生文鳥の寿命はおよそ2年。太く短く豪快です。

　裏庭に来る野生の文鳥たちは強い個体

いつ野生化したの？　ハワイの文鳥事情

にゃーさんもチェックしている、美しい写真とともにハワイに生息する植物と野鳥の概要がわかりやすく紹介されているサイト「Anuhea（アヌヘア）：ハワイの花・植物・野鳥図鑑」。同サイト制作者のホノルル在住のグラフィックデザイナー﨑津鮨太郎氏によると、最初の移入はドイツ人医師ウィリアム・ヒレブランド（William Hillebrand、1821-1886）が行ったという説が有力だとのこと（参考：Andrew J. Berger著『Hawaiian Birdlife』第2版／1981）。前掲書に文鳥を選んだ理由は記されていないものの、当時ヒレブランドは文鳥の原産地であるジャワ島を含むアジア旅行から戻ったばかりで同時に多くの鳥をハワイに持ち込んでおり、文鳥はあくまでも複数の中の一種、特別な意図はなかったようです。ハワイではその後1960年代に放された文鳥が繁殖し定着したとされていますが、何かの目的で州や国が放鳥したわけではなく、まだ全世界的に固有種保護の意識の低かった時代、ペットだった個体が個人レベルで放されたというのが実情のよう。ちなみに同時期には他の多くのフィンチ類も鳥カゴから放されたそうです。ともあれ、現在ハワイにおいて数を増やし続けているといわれる野生文鳥。オアフ島の開けた場所に多く生息しているのをはじめ、カウアイ島のプリンスビル（Priceville）、マウイ島、にゃーさんの暮らすハワイ島のコナ（Kona）やヒロ（Hilo）などで増加傾向にあるのだとか。

ウェブ図鑑「Anuhea（アヌヘア）：ハワイの花・植物・野鳥図鑑」 https://www.anuhea.info/

の生き残り集団です。病鳥や弱い個体はかなり早い段階で人目に触れないところで落鳥してしまうようで見かけたことがありません。過去には栄養障害によりほっぺハゲのある子、頭部がハゲている子、脚の動きがおかしいけれど飛べることでなんとか生き延びていた子がいましたが、どの子もある時期から姿を見かけなくなりました。強い者だけが生き残る厳しい世界の現実です。

冬場は雨が降り気温が下がる日が続くと一時的に低体温症にかかり足がうまく動かずに歩き方がフラフラするヒナを見かけることがあります。しかしそうした子たちにはひたすら餌を与えるとフラフラしながらも必死に食べ続けて体温を上昇させ、あっという間に回復していきます。野鳥のたくましさには驚かされるばかりです。一度私の目の前で羽根をひろげて転んだピンクくちばしのヒナがいて、手を伸ばしたら届いたので捕獲したことがあります。あらかじめ餌と水を用意したケージに移しカバーをかけましたが、翌日空に戻すまで目をキッと見据え警戒心を緩ませることはありませんでした。たった一晩暖かい室内で餌と水を得ただけですっかり回復し元気を取り戻した姿から感じたのは、自然界には自然界のルールがある、できる限りおせっかいな世話はするべきではないなということでした。自分がヒナだったら人間に捕獲されることはどれだけ怖いことだろうとも思いますし、野生と飼い鳥、姿かたちは同じ文鳥でも、生き方はそれぞれ違うのだなと学ばせてもらっています。

——**今後チャレンジしてみたいことなどはございますか?**

裏庭の文鳥さんたち次第ではありますが、文鳥が大好きで文鳥さんたちと相性がよさそうな方を夕方の裏庭にご招待し、私と一緒に文鳥に囲まれて過ごすおだやかで幸せなひとときを体験してもらえたらなと思っています。主人がたまに一緒に参加すると『誰アイツ!?』とザワザワ、緊張し警戒しているので実際に成功するかはわかりませんが、できれば試してみたいですね。

——**最後に、読者にメッセージを。**

いつのまにか文鳥がくれる癒しが日々の生活になくてはならないものになりました。ご縁あって来てくれたかけがえのない小さな命、大切にしたいですね。あたたかくて素敵な時間をもらえることに感謝しながら、これからもたくさん愛おしんで、楽しい文鳥ライフを過ごしましょう。

Profile
アメリカ在住25年。カナダと国境を接するワシントン州から2011年にハワイ島コナに移住。ヒロとコナとケアウーで飲食店を営む夫と保護文鳥ちびすけ、裏庭に住みついた野生文鳥たちとの日常をブログ「裏庭はわい島」(https://ameblo.jp/iamnaomin2/)、SNS(https://twitter.com/iamnaomin1)等で発信中。

こちら▼でまたお会いしましょう♪
ブログ「裏庭はわい島」 https://ameblo.jp/iamnaomin2/

文鳥サロン

いつからか文鳥に関するものすべてにアンテナが反応しちゃう――そんな方はもうご存じかもしれませんが、ここでは本を中心に文鳥愛の感じられるものを集めてみました♪

Books & Comics

夏目漱石 著
『文鳥・夢十夜（新潮文庫）』
（新潮社）

文豪・夏目漱石が白文鳥と過ごした短い日々を描いた短編。主人公が白文鳥のしぐさからある女性とのやりとりを思いだす描写の美しさと妖しさ――。初出は1908（明治41）年6月の「大阪朝日新聞」で、当時の人々の文鳥との接し方も興味深い。

伊藤美代子 監修
『幸せな文鳥の育て方』
（大泉書店）

文鳥の心と身体を知る方法から、迎え方、育雛、快適な暮らしと遊び、健康管理と老鳥のお世話まで。文鳥の魅力と彼らとの幸せな暮らし方をていねいに説きつつギュギュッと凝縮！「文鳥用語集」「文鳥あるある」などお楽しみコーナーも❤

汐崎隼 監修
『もっと知りたい文鳥のこと。
HAPPYブンチョウ生活のすすめ
（コツがわかる本！）』
（メイツ出版）

人気コミック『鳩胸退屈文鳥』の作者が文鳥ライフの魅力と秘訣を初心者にもやさしくナビ。毎日の世話の仕方やヒナから育てるときのコツ、遊び方など、文鳥といつまでも仲よく元気に暮らすための情報、愛鳥家たちの経験からのコメントも満載。

amycco. 著
『文鳥ちゃん』
（洋泉社）

雑誌や書籍などで活躍するイラストレーターの妻と夫、そして白文鳥の文鳥ちゃん。3者の間で展開される三角関係の模様を描いた4コママンガに、癒され写真を収録。ただでさえたまらない文鳥ちゃんの行動や反応を増幅させるイラストの妙！

CLOSE UP!

今市子 著
『文鳥様と私
（LGA コミックス）』
（青泉社）

文鳥マンガの金字塔

他ジャンルを含めても「文鳥がテーマの作品といえば！」本作でしょう。途中で媒体を移るなどしながら連載と1年に1巻ペースでの刊行を重ね、1996年春の発表スタートから23年を経た2019年3月には最新刊19巻が発売。まさに作者のライフワークと化している、文鳥様とその飼い主（作者）の日々を描いた実録ノンフィクションです。実際に生活をともにする（してきた）代々の文鳥たちと飼い主の人間との交流、そこから生じる飼い主の「人間的」試行錯誤や葛藤、喜びや哀しみなどを描きながら、生きものの命の儚さと存在感、「人はなぜ文鳥に魅せられるのか」という哲学的な命題までをも突きつけてくるのです。

ほぼ四半世紀にわたり作者が見守ってきた小鳥たちは、人間との寿命の違いもあり、実に24羽（十姉妹3羽を含む）。にもかかわらず一羽一羽見事にキャラの立った鳥描写からは、作者の愛しか感じられません。

Various Goods

立花晶 著
『すぴすぴ便り～白文鳥偏愛通信～
（花とゆめ COMICS）』
（白泉社）

人気の文鳥コミックエッセイの単行本未収録エピソードの中から、著者セレクトによる45本と描きおろし10ページ以上を収録した一冊。文鳥が主人公の他作品と読み比べると人のハートをワシづかむ文鳥の魅力がさらに立ち上がってきそう。

長坂拓也 監修
『わが家の動物・完全マニュアル
文鳥（スタジオ・ムック―Anifa Books 21th)』
（スタジオ・エス）

飼育、医学、エサ、生態、歴史文化と、さまざまな角度から文鳥に迫ったグラビアサイズ160ページ、一冊まるまる文鳥のMOOK！ 情報の古さは否めないが、文鳥世界をつかむにはうってつけの一冊。ご興味のある方は図書館や古書店で。

文鳥グッズのある幸せ♥

「いちばんかわいいうちの子」をつれ歩くことは無理でも文鳥を感じられるアイテムがあれば外出時も気分はかなりアガるもの。近年はハンドメイド作家さんによる凝った作りやデザイン、オリジナリティーあふれる逸品が入手できる「minne（ミンネ）」（https://minne.com/）、「Creema（クリーマ）」（https://www.creema.jp/）といったハンドメイドマーケットサイトも充実。マシンメイド品と合わせて「文鳥（アイテム）といっしょ♥」ライフを謳歌したいですね！

文鳥職員ぶんちゃん（→ P70）に贈られた文鳥アイテム（写真上）と、文鳥のおひなさま（左下）。本書撮影担当の清水さんの趣味は食玩フィギュア収集。この文鳥たちもそう（右下）。

Key Persons Interview #05

文鳥ライター／日本飼鳥会会員
伊藤美代子さん

『幸せな文鳥の育て方』（→P97参照）ほか文鳥に関する多くの書籍や雑誌などで執筆、監修を手掛けてこられた伊藤さん。経験を踏まえた深い考察からの飼育情報は読者の絶大な信頼を集めています。その文鳥への想いに満ちたお話をお届けします。

（写真左から）『文鳥　育て方、食べ物、接し方、病気のことがすぐわかる！（「小動物★飼い方上手になれる！」シリーズ）』伊藤美代子 著／誠文堂新光社／2017、『文鳥との暮らし方がわかる本』伊藤美代子 監修／日東書院本社／2016

——まず、文鳥との初めての出会いと、そのときの印象についてお聞かせください。

5歳のとき、祖母宅で飼われている文鳥を竹かご越しに見せてもらいました。赤いくちばしが発する声はかわいらしく、それまで見たどんな鳥よりつややかな鳥だと思いました。

——初めて飼育を始められたのは？　また、特に惹かれる品種はございますか。

飼い始めたのは小学1年生のときです。父がヒナを2羽買ってきてくれました。以来これまで100羽以上の文鳥と暮らしてきましたが、惹かれる品種は昔も今も変わらず白文鳥です。白い羽毛には難しいことを考えなくてもいいようなホッとする優しさを感じます。

——忘れられない文鳥のエピソード、その行動や個性について教えてください。

特に印象に残っているのはオスの白文鳥です。家族で帰省するときに一度だけペットショップに預けたのですが、主人がお店まで連れて行ったせいかそれ以降は主人が近づいただけで怒るようになりました。また、後から増えた文鳥たちとはコミュニケーションがとれなかったにもかかわらず、幼いヒナが空腹で鳴き始めると、遠くにいて聞こえていない私を大声で呼んでくれたりもしました。いつも私の行動を見ていて理解していたのだと思います。

彼がいちばん幸せそうに見ていた私の行動はケージの掃除です。ちょっと大きめのものをガタガタさせていると嫌がって逃げるのですが、ケージの掃除だけは私の隣で床の上に立ってじっと見守っていました。きれいになることが嬉しかったみたいです。

——文鳥以外の鳥と暮らしたご経験、文鳥との違いを感じられたことがありましたら。

ジュウシマツ、セキセイインコ、セイキチョウ、オニオオハシと暮らしました。文鳥はこの鳥たちに比べて、圧倒的に人との生活に向いている鳥種だと思います。生活に不満があった場合、可能なら自らで工夫を

し、どうにもできないことは飼い主に怒る図々しさを持っています。人に臆さない文鳥は喜怒哀楽がわかりやすく、感情をストレートにこちらに投げつけてくれます。それはこちらの感情も同じように理解しようと考えていることを意味します。私が文鳥に惹かれるいちばんの理由は、その図々しさゆえに『人と気持ちを通わせたい』と強く思っている鳥だからだと思います。文鳥の気持ちを考慮してとった行動が正解だったときは、とても嬉しく楽しく思います。

——繁殖、育雛の時期ならではの文鳥の魅力、ご経験からあらためて学ばれたことなどについてお聞かせください。

個体差はありますが、手乗りであっても繁殖中の親鳥は飼い主を敵視します。ヒナを見ようと巣を覗いたとき、翼をブワッと数回膨らませて威嚇されたのには感動しました。また親鳥からヒナへの給餌ですが、時によっては青菜だけのとき、ボレー粉が多めのときもありました。内容物が透けて見えるそのうが異様な姿になっていてこれでいいのかと心配しましたが、数時間後にはきれいになくなっていて、親鳥の吐き戻しによる給餌の正しさに感心しました。

——伊藤さんが感じられている「手乗り文鳥」のいちばんの魅力とはなんでしょう。

魅力的な生き物を見ると一緒に暮らせたらなぁと思うことがあるのですが、姿、声、羽毛、におい、人馴れ度、俊敏さ、野生味……さまざまな観点から見て私の好みにパーフェクトに近い生き物が文鳥です。そのような生き物が人と暮らすことを楽しみ、与えられたケージをお気に入りの大切な場所としてわが物顔で暮らしているのを見ると、奇跡ではないかと幸せを感じます。さらに人を愛し、手の上で堂々と愛の歌などを歌ってくれるのですからこれ以上の存在はありません。

——意外に思われたり感心されたりした文鳥の生態は？ 話に聞いてはいたけれど実際目にして感激した、といったご経験はありますか。

ヒナをさし餌で育てるときには、記録写真を撮ったり体重を測ったりするのですが、まだ羽軸が開ききっていない幼いヒナは一晩寝るだけで目に見えるくらいに成長します。朝起きると羽軸が昨夜より開いていて体重もほぼ毎日増えています。保温・保湿・エサ、どれが欠けてもこの変化は起こらないので、成長は代謝という化学反応なのだなと納得させられました。

実際目にして感激したことは、育雛中の母鳥がまだ幼いヒナのフンを丸呑みして食べたことです。何かのテレビ番組で、野鳥が敵に匂いで巣を気づかれないように、ヒナのフンを食べるというシーンを見たことがあったのですが、文鳥も同じなのだと感心しました。そしてこれは本能だから父鳥も同じであろうと思ったのですが、こちらはくちばしでつまんで外に放り出していたので、それぞれで考えることが違うんだなと面白く感じました。

——伊藤さんお気に入りの文鳥のしぐさ、文鳥が好きな方に特に人気があると思われるしぐさについて教えてください。

　手の上で小首をかしげて私の顔を見上げるしぐさです。その状態で目を合わせて何かを伝えようとする姿がとても愛おしいです。文鳥好きさんにも人気のしぐさだと思います。リラックスして『餅』のようになっていたり、手に包まれてウットリしているしぐさもみんな好きだと思います。

——お好みの文鳥写真はどのような瞬間のものですか？　また、愛用の撮影機材、撮影を重ねるなかで会得された「いい1枚」を撮るコツがありましたらお聞かせください。

　どのような瞬間でも、年齢相応に元気そうに写っている写真がいちばんです。健康的な姿にホッと安心します。印刷用に撮る写真は10年以上前の一眼レフとマクロレンズで、SNSは一般的なスマホです。「いい1枚」を撮るにはくちばしの血色や羽色の美しさを最大限に表現できるように、明るい太陽光を使います。直接のフラッシュは文鳥の健康のために厳禁です。電灯はくちばしが青っぽくなり不健康に見えるのでほとんど使いません。このほかモデル作りも必要です。幼鳥時からカメラに慣れてもらって、いつものかわいい表情を撮ることができるようにしています。

——伊藤さんの著作は多くの読者に支持されていますが、印象に残った反応、読者からの声で気づかされたことなどはございますか。

　本を読んでいただいた後で「ウチのコもこうだった」や「鳥について話す相手がいなかった」と言ってくださることがあります。これだけ情報の多い時代になっても「鳥がかわいい」と言うと理解していただけず不穏な空気が流れたりするそうです。

　また、初めてヒナを飼う方には日齢ごとの写真を掲載したページが人気で、目の前のヒナと照らし合わせてご覧になっていただいているようです。私自身も不安になって前はどうだったかなと確認することがあるのですが、何回経験してもヒナを育てるのは難しいなと感じました。

——海外の文鳥に接したご経験もお持ちですが、日本にいる文鳥と比べて違うなと感じられた点、また、飼育者の姿勢や接し方で違いを感じられたりしたことは？

　海外ではペットというよりも見たり鳴き声を聞いて楽しむ観賞用、販売用が中心です。原産国のインドネシアでは捕獲は禁止されているため、ヨーロッパや日本などと同じように繁殖された白や桜、シルバーが多く売られています。ケージやエサは多種多様で、日本では見かけない獲ってきたばかりの真っ白なアリの幼虫や蛹も大量に売られています。文鳥たちはまったく人に慣れてはいないので、飼育者も淡々と接していますが、鳥の飼育や繁殖にはそれぞれにこだわりがあるようです。

——SNSで文鳥情報を発信されていて嬉しかったこと、驚かれたりしたことについて

教えていただけますでしょうか。

　現在のフォロワーさんが、実は20年以上前から文鳥を通してのおつき合いがあった方だと判明することがあります。過去の雑誌の読者さんだったり、ホームページのお客さんだったりするのですが、相変わらずお互いが長い間文鳥好きでいることをとても嬉しく頼もしく思います。比較的飼いやすい小鳥から始めて大きな鳥へと移行する方もいますが、文鳥の魅力を知った方は文鳥一筋になることも多いです。長い間そのような方々に支えていただいていることに心から感謝しています。

——伊藤さんは「文鳥の日」制定にも尽力されましたが、制定までの流れについてあらためてお聞かせください。

　10年以上の間ずっとメディアで報道される犬の日や猫の日を羨ましく思っていました。ついに我慢できなくなって文鳥の日を作ろうと思ったのが2005年です。文鳥の日というからには誰でも文鳥を身近に感じられることが必要だと考えて、ショップに文鳥が多くなる秋から記念日を選ぶことにしました。月日の数字を試行錯誤して、10（て）2（に）4（しあわせ）という語呂合わせで10月24日に決めました。そしてこれを多くの人に広められるように、日本記念日協会に記念日登録申請書を送って登録となったわけです。

——雑誌連載などで読者の質問に答えられていますが、飼育者が抱えがちなお悩みにはどのようなものがありますか。

　メスの文鳥への接し方にとまどう方が多いですね。大切にかわいがって気持ちが通じるほど発情してしまい、必要のない産卵をしてしまうために、それをどうやって避けるかで悩む人が多いです。逆に、もう少し悩んでもいいのでは？　と思うのがヒナの飼育です。こちらはSNSで見かけることが多いのですが「ヒナをお迎えしましたー！」といくつか発言したあと、ぱったりと文鳥に関する発言がなくなったのを見ると、どうにもならなくなってから悩むより、迎える前に悩んで考えて勉強してほしいなと思います。

——最後に、読者にメッセージを。

　文鳥は2歳を過ぎると体力が落ち始め、人への依存度が高まります。「飼い主の帰宅を喜んで呼び鳴きしている」「放鳥するとじっと寄り添っている」という行動はどの世代でも目にする微笑ましい行動ですが、歳を重ねた文鳥には若いときとは違った切実な想いが込められています。以前より4歳からとても賢くなるとお伝えしていますが、飼い主に理解してほしいことが増えて一生懸命になっているのかも知れません。「このコはこうだから」と決めてしまわずに、その歳、その瞬間の文鳥と、丁寧に向き合ってくださいね。

Profile
Miyoko Ito
文鳥ライター。日本飼鳥会会員。愛玩動物飼養管理士1級。1994年より文鳥ライターとして活動、文鳥に関する著書、監修書多数。『コンパニオンバード』（誠文堂新光社）に連載中。

Spot

文鳥ほか小鳥たちと触れ合えるひとときを提供
はなぶさ堂（埼玉県川越市）

庶民の間にも飼い鳥文化が花開いた江戸時代。ここでは当時のレトロな雰囲気が味わえると人気の小江戸川越にある、古き良き和の風情と小鳥たちとの触れ合いを楽しめる空間（サロン）をご紹介します。

渡航品であった文鳥などは非常に高価で庶民には手が届かなかったものの、日本にいた和鳥を中心に、その可憐な鳴き声を愛する人と小鳥たちがともに暮らし始めた江戸時代。夏目漱石が「千代千代」とさえずる可憐な小鳥との少々切ない日々を描いた「文鳥」（→P100）を著した大正時代。そしてブームと呼ばれるほど文鳥が広く浸透した昭和の時代。さまざまな時期を経て現代は「少しずつ動物に寄り添った考え方に変わってきた」「いろいろな形で動物たちとの触れ合いの場所が増えてきた」と感じている、鳥たちとの暮らしを愛する繁殖者（ブリーダー）、愛玩動物飼養管理士の堂主が「現代の生活様式にレトロな昭和風の色を織り交ぜて、和洋折衷な空間作り」を試みたのがここ、はなぶさ堂です。

具体的には、繁殖した鳥たちの販売、グラフィックデザイナーでもある堂主が惚れこんだ益子の職人による手作りの竹かご、鳥をモチーフにデザインしたオリジナル雑貨の販売、小鳥好きな人を対象としたワークショップ「小鳥茶会」の開催、小鳥の預かり（バードホテル）などを行っています。

はなぶさ堂 -cotorikatta-　埼玉県川越市岸町 1-22-43　TEL.049-215-8968　http://hanabusado.sakura.ne.jp/

EVENT 小鳥茶会

スペース上、毎回少人数限定予約制での開催ながら、「今はお迎えの予定はないけれど、小鳥たちと触れ合いたい！」「はなぶさ堂に遊びに行きたい！」という人に好評を博しているのがワークショップ「小鳥茶会」。はなぶさ堂の家族でもある小鳥たちと触れ合えるほか、繁殖者、愛玩動物飼養管理士の有資格者である堂主のレクチャーの下、小鳥の「保定の仕方」「さし餌体験」「爪切りレクチャー」など初心者のみならずためになる飼育のノウハウを学ぶことができます。「田舎のおじいちゃん家に遊びに行く感覚で、小さなお子様から年配のお客様まで幅広い年齢層の方に楽しんでいただいています」と堂主。鳥好き同士ならではの交流、竹かごやこだわりのグッズを見て購入できるのもうれしい。小江戸川越見物と合わせて訪れてみては？

SHOP/HOTEL ヒナ・小鳥グッズ販売／バードホテル

はなぶさ堂では文鳥のヒナ、手乗り文鳥をはじめ、キンカチョウ、姫ウズラ、十姉妹、オカメインコほかさまざまな小鳥たちを繁殖、仕入れ、販売しています。そのときお迎えできる小鳥の情報は下記ホームページ（http://hanabusado.sakura.ne.jp/）より確認可能。ただ対面販売が基本なので、お迎えしたい場合は事前に必ずホームページの問い合わせフォームから連絡を取り、来訪します。ちなみにウェブストアではオリジナルペレットのほか、鳥モチーフのアパレルアイテムなども扱っています（https://hanabusado.theshop.jp/）。

また、長期休暇や年末年始などに飼っている鳥を預けたい場合は、バードホテル業務も。こちらもホームページの問い合わせフォームから事前申込みを。いずれも詳細はホームページを参照のこと。

Key Persons Interview #06

昭和的小鳥サロン運営
はなぶさ堂さん

ゆったりとした時間の流れる昭和的空間で生まれた小鳥たちとこだわりのアイテムを販売する愛鳥家の集う小鳥サロン。堂主に話をうかがいました。

──小鳥関連のショップは数あれど、はなぶさ堂さんのようなこだわりの空間は珍しいのではないでしょうか。川越という場所もそうですが、どのような想いから始められたのでしょう。

「はなぶさ堂」の屋号は2007年頃、フリーランスのグラフィックデザイナーとして独立して以来用いているものです。鳥に関連した活動を始めたのは、十姉妹や文鳥たちと一緒に暮らしていたこともあり、印刷などの経験を生かしてさまざまな鳥グッズを手掛けるようになったことからでした。古い一軒家を活用した空間で現在のような自宅開放型サロンを営むに至ったのは、江戸時代には行商人が竹かごを背負って飼鳥を売り歩いていたという話を何かの本で読んで、そういった古いものや今では考えられないことを大切にしたいと思う気持ちが手伝っていると思います。

技術の進歩による生産能力の向上とともに人間はプラスチックなど使い勝手がよいとされる合成樹脂製品を生み出しましたが、鳥たちにとってはやはり古い時代の物のほうがやさしいと思うんですよ。川越の昔ながらの雰囲気には古い道具を大切に使う印象があったので、「竹かご飼育」にこだわりがある私は今ここ川越で鳥たちと暮らしているんだと思います。

──そんなはなぶさ堂さんで扱われているオススメのものといえばやはり──。

「竹かご」ですね。はなぶさ堂では益子の職人が作った手作りのカゴを仕入れています。もうお爺さんの方ですけど、その仕事は本物で惚れ込んでしまいました。小鳥茶会にお越しいただいたお客様の中でも竹かごに憧れのある方は多く、文鳥のお迎えと同時に買って帰られることも多いです。

──ご自身と鳥とのこれまでのおつき合いについてお聞かせいただけますか。

野鳥観察が最初の触れ合いだったと思います。子どもの頃、祖母がセキセイインコを飼っていましたが、当時はむしろカブトムシとかのほうに興味津々でした。意識するようになったのは大人になってから、都心でも比較的よく目にするムクドリやセキレイ、朝の公園で見かけるエナガやコゲラ、ベランダに来てくれるヒヨドリやメジロなどを見ていましたね。興味のない人にはみんなただの鳥なのでしょうが、一度想いを寄せて見ればその種類の多いこと多いこと。

はなぶさ堂のオススメ本は…

玄関ホールの書棚には飼育関連書籍や愛鳥家専門誌『ALL BIRDS』バックナンバーのほか、鳥にまつわる小説や純文学が並ぶはなぶさ堂。オススメの一冊は、梨木香歩著『鳥と雲と薬草袋』(新潮社)。「漱石の『文鳥』も当時の飼い鳥と人の関係を現代に伝えてくれますが、ここは大好きな作家さんの本から。梨木さんの文章にはいつも野鳥の私生活が登場するような気がします。『いつだって当たり前のように鳥がいる』ことを感じる、そこが大好きなんです」と堂主。

初めて飼育したのは十姉妹でしたが、鳥が部屋にいる生活がなんともしっくりきたんです。今となっては鳥たちに生活すら支えてもらっております(笑)。

——文鳥以外の種類の鳥も扱われていますが、そのセレクトはどのように?

はなぶさ堂に来た鳥の種類は、文鳥や十姉妹やキンカチョウ、珍しいところではコキンチョウ、キンセイチョウ、ホウコウチョウなど、リストアップしたらキリがありませんが、フィンチがメインです。だけど鳥部屋ではインコや鳩や家鴨も仲良くしてくれています。特にコールダックのたまちゃんに会いに来てくれるお客さまが多いですね。セレクトの理由についてはとても難しいですけれど、やっぱり気が合わないとみんな仲良くできないので、「もし人間だったらこの人とは事情が違うかも?」という感覚的なところを駆使した結果、必然の帰結として気が合う子を連れて来れているのかもしれません。

——個人的に抱いている文鳥のイメージ、かわいさなどについてお聞かせください。

文鳥は程よく生活の邪魔をしない程度に懐いてくれるところが好きなんです。肩に乗ってじっとしていたり、手の中に包まれ寝ていてくれたり。インコたちもよく懐いてくれますけど「かまってかまって」の甘えん坊ちゃんばかりで(笑)。程よい距離感が文鳥にはあるような気がします。

——文鳥好きな方は文鳥のどういったところにハマられていると感じますか?

文鳥に限定しなくとも、恋と同じで「出会いとタイミング」なのではないでしょうか。動物もみんな人間と同じでそれぞれ性格がありますから、ハマっている人はみんなその子に恋してるんだと思いますよ。

——これまで来られた方の反応で印象に残っているのはどんなものでしたか。

子どもたちから学ぶことがいちばん大きいです。怖がる子もいますが、ほとんどは鳥さんを手懐けてしまいますね。鳥たちも子どもが遊びに来ると楽しんでいるように見えます。子どもも鳥もそれぞれ性格が違うので、その相性を観察できることも毎回非常に勉強になります。

Profile
Hanabusado
小江戸川越にある自宅開放型の完全予約制小鳥サロン。小鳥の繁殖や販売、小鳥をデザインしたグッズ制作・販売を手掛ける。堂主の夢は「竹かご職人」。

Staff Interview

写真担当 清水知恵子さんに聞く

プロカメラマンとしてさまざまな被写体を相手にしてきた清水さん。本書では小鳥好きでもある彼女に、相模原麻溝公園ふれあい動物広場の文鳥たちを中心にその手腕を発揮していただきました！

——まず、これまで鳥を撮影された経験、被写体としての文鳥の印象などについてお聞かせください。

　子どもの頃から動物全般が好きで実家では犬やハムスターを飼っていましたが、現在は10歳になるセキセイインコと暮らしています。鳥の撮影はこの子のほか、2018年からは近所の公園でスズメを撮ったりしていました。

　鳥を飼ったのはそのインコが初めてで、文鳥は少し遠い存在でしたが、本書の撮影取材で弥富を訪れた際、人に懐いている文鳥と触れ合えたことがきっかけで飼いたくてたまらなくなりました。インコは鼻がブタみたいでそれもかわいいんですけど、文鳥はいわゆる美形。特に白文鳥は品がありますね。取材で触れあったときの重さや体温を思い出すといまでもニヤニヤしてしまいます。近いうちに是非迎えたいです。飼い始めのタイミングがなかなか難しいのですが、餌付けもしたいのでじっくり世話に取り組めるよう仕事が落ち着いたときにと思っています。

　というわけで、目下、白文鳥か桜文鳥か迷い中。白文鳥は上品な印象で写真映えしそうだけど、マスクを被っているようなコミカルな顔つきの桜文鳥も捨てがたいんですよね……。

　今回被写体としてあらためて思ったのは、インコも文鳥も小鳥同士、しぐさや行動が似ているということです。ただ、スズメを撮った経験からも鳥の撮りやすさは生まれ育ちや置かれた環境によるものが大きいと感じました。インコも野生であればもっと機敏で精悍になるでしょうし。

——野鳥のスズメと相模原麻溝公園の文鳥との撮りやすさの違いは？

　近所の公園のスズメは個体数が少ない上に完全な野生なので、最初は近づくことすら難しかったです。背景を決めてじっと座って待つのですが、スズメがようやく登場してもレンズを構えた途端に飛び立ってしまいます。1枚も撮れずに帰ることもしばしばで、根気よく時間をかけてやっと撮れる感じでした。撮影の注意点としては、急な動きは厳禁、極力動かない、姿勢はできるだけ低く、といったところでしょうか。

　対して、当然といえば当然ですが、相模原麻溝公園の文鳥はそこまで人に対する警戒心がないですね。ゆっくりなら近くに寄っても大丈夫。スペースに限りがあるので自ずと行動範囲も決まっていて、撮影チャンスは次々に訪れます。見ていても野生のスズメほど緊張することなく、リラッ

クスした様子を見せてくれます。とはいえ人に懐いているわけではないので、やはりペットの鳥を撮るようにはいきません。

これまで私は、スピードのある被写体相手の仕事としては自衛隊装備の展示飛行、カーレースの撮影などを経験してきましたが、鳥は小さい上に動きの先が読めないので、画面に収めるのがとても難しいです。特に飛び立つシーンは失敗ばかりですね。

また、小鳥のケンカはシャッタースピードを限界近くまで速くしないと撮れません。秒間10コマ撮れるカメラで連写しても全部違う表情が撮れるぐらい速いです。

ただ、他の動物もそうだと思いますが、生態を学んで何度か撮影を重ね、彼らの次の行動をある程度予測できるようになるとかなり撮りやすくなるはずなので、引き続きチャレンジしていきたいですね。

――文鳥の撮影にあたって機材で工夫したもの、導入したものはありますか？

相模原麻溝公園の場合、飼育スペースの網の中は日陰が多いので、よく晴れた日を選び、明るいレンズで撮影するといいと思います。極端に長いレンズは必要なく、200mm～300mmぐらいあれば十分かと。

――撮影していて「やった！」「これはたまらない！」と思う瞬間は？

ケンカや水浴びなど激しい動きを捉えたときです。可憐で愛らしい姿なのに荒々しくダイナミックな動き、そのギャップがたまらないですね。これらの行動はまた、いきなり始まって一瞬で終わるので、撮れたときは本当にうれしいです。

――最後に、今後チャレンジしてみたいことを教えてください。

文鳥を家に迎えて飼い主にしか見せない表情を捉えてみたいですね。こんな表情（→下写真参照）で見つめられたい！（笑）あとは逆に、本当の野生の文鳥を撮影してみたいです。

そういう意味で、相模原麻溝公園ふれあい動物広場の展示は、一般家庭のペットではありえない野性味ある文鳥たちの集団生活が垣間見られてオススメです。動きもそうですが、『かわいい！』と思って撮った写真をあらためて確認すると、くちばしが傷だらけの子、毛が大胆に抜けている子など、なかなかワイルド＆コワモテの個性派揃いだったりします。来園者は基本的に家族連れが多いのですが、撮影中もリピーターと思われる単身の来園者の方も何人か目にしました。ここならではの鳥たちの一面を味わいに来られているんだなと思いましたね。

Profile
Chieko Shimizu
1974年、大阪生まれ。大阪芸術大学グラフィックデザインコース卒業。スタジオ勤務、カメラマンアシスタント業務を経て、2002年よりフリー。情報誌、Web媒体等で人物撮影を中心に活躍中。自称「広く浅くなんでも撮りたがるカメラマン」。

次のページでは
清水さんのお気に入り写真＆
コメントを大紹介！

本書写真担当 清水さんのお気に入り写真&コメント

お気に入り写真 その❶
「錦華鳥と水浴び」
「8000分の1秒という高速シャッター。カメラの限界を出し切る楽しい撮影です」

お気に入り写真 その❸
「そとはどうなってる?」
「小屋から顔を出す二羽文鳥は正面から見た丸い顔がかわいいと思います」

お気に入り写真 その❹「巣箱の外の揉め事」（左）／「ケンカしている2羽」（右）

「個人的にいちばん楽しくエキサイトするのが小鳥たちのケンカを撮影しているときかもしれません。羽を広げて飛びながらケンカしていたりと、躍動感ある写真を撮るのが理想です」

お気に入り写真 その❷「重なり合う文鳥集団」

「小鳥のケンカを高速シャッターで撮影すると、肉眼では捉えることのできない姿を確認できて面白いです。撮るのが難しいので成功したときの喜びもひとしお」

お気に入り写真 その❺「小枝で寄り添う2羽」

「ふわふわもふもふな毛皮の質感が◎。背景含め絵的にまとまっているのも気持ちがいいです」

お気に入り写真 番外編「水を飲む白文鳥」（→次ページ参照）

「白文鳥らしい高貴な一枚。鏡のような水面、青空の反射もキレイです」

南の国から日本にやってきた小鳥が飼い鳥となって人々の心を癒し、愛された結果、「白文鳥」という品種と「手乗り文鳥」という文化を生み出し、それがまた別の国へと伝えられてその地で愛される──。まさに幸せの連鎖を生みながら人に寄りそい生きてきた文鳥。
　今日の喜びをくれる目の前の一羽もしくは数羽にも脈々とつながるその歩みは、愛らしくもたくましいこの小鳥たちが主人公の長大な絵巻を思わせます。彼らはこれから先も豊かな個性で物語を紡ぎだし、ともに暮らす人々の心を温かく満たしてくれるのでしょう。
　本書では文鳥という鳥の魅力を、集団の中で見せる多彩な姿をとらえた写真とともに、その基礎知識や雑学、文鳥を愛し関わってきた方々のお話などを盛り込みながらお送りしてきました。「いちばんかわいいうちの子」とはやはり違う、でもふとした瞬間に見せる表情には共通項が、という気づきもあったのではないでしょうか。野鳥だった──そのバックグラウンドに想いを馳せてみると、「文鳥といっしょ♥」の今日を過ごせる不思議な縁にあらためて感謝したくなるかもしれません。

会えて、ありがとう

編者　ポンプラボ
出版物をはじめとする各種媒体コンテンツの企画・編集制作、出版を行う。編集書に『にっぽんスズメ歳時記』ほか「にっぽんスズメ」シリーズ、『にっぽんのカラス』『にっぽんツバメ便り―ツバメが来た日』(以上カンゼン)ほかがある。リトルプレス『点線面』を不定期刊行中。

写真　清水 知恵子
(カバー／本文　※撮影者表記のないもの)

主要参考文献
『文鳥―小動物ビギナーズガイド』伊藤美代子 著　井川俊彦 写真／誠文堂新光社／ 2007
『文鳥―Anifa Books 21th わが家の動物・完全マニュアル (スタジオ・ムック改訂・保存版)』長坂拓也 総監修　真田直子 監修(医学)／スタジオ・エス／ 2006
『幸せな文鳥の育て方』伊藤美代子 著／大泉書店／ 2015
『もっと知りたい文鳥のこと。』汐崎隼 著／メイツ出版／ 2015
『舶来鳥獣図誌―唐蘭船持渡鳥獣之図と外国産鳥之図 (博物図譜ライブラリー)』磯野直秀・内田康夫 解説／八坂書房／ 1992

STAFF
企画・編集　　　ポンプラボ
ブックデザイン　大森 由美(ニコ)
構成　　　　　　立花 律子(ポンプラボ)
編集　　　　　　森 哲也(カンゼン)

文鳥クイズ！(P34)
A (答え)
A アルビノ文鳥　　D シナモン文鳥
B ホオグロ文鳥　　E シルバー文鳥
C クリーム文鳥

※本書掲載の情報は2019年3月下旬時点のものです。

にっぽん文鳥絵巻

発行日　　2019年4月25日　初版

編者　　ポンプラボ
発行人　坪井義哉
発行所　株式会社カンゼン
　　　　〒101-0021 東京都千代田区外神田2-7-1 開花ビル
　　　　TEL:03(5295)7723　FAX:03(5295)7725
郵便振替　00150-7-130339
印刷・製本　株式会社シナノ

万一、落丁、乱丁などがありましたら、お取り替え致します。
本書の写真、記事、データの無断転載、複写、放映は、著作権の侵害となり、禁じております。
ISBN978-4-86255-511-3
定価はカバーに表示してあります。
ご意見、ご感想に関しましては、kanso@kanzen.jpまでEメールにてお寄せ下さい。　お待ちしております。